给忙碌者的
7天心理学课

林肇贤 —— 著

中国出版集团公司
华文出版社

图书在版编目（CIP）数据

给忙碌者的7天心理学课 / 林肇贤著. -- 北京：华文出版社，2022.1（2022.10重印）
  ISBN 978-7-5075-5502-8

Ⅰ.①给… Ⅱ.①林… Ⅲ.①成功心理－通俗读物 Ⅳ.①B848.4-49
中国版本图书馆CIP数据核字（2021）第188591号

给忙碌者的7天心理学课

作　　者：	林肇贤
责任编辑：	方昊飞
出版发行：	华文出版社
地　　址：	北京市西城区广外大街305号8区2号楼
邮政编码：	100055
网　　址：	http://www.hwcbs.cn
电　　话：	责任编辑 010-63430751　发行部 010-58336202
	总编室 010-58336239
经　　销：	新华书店
印　　刷：	三河市航远印刷有限公司
开　　本：	880×1230　1/32
印　　张：	5.625
字　　数：	132千字
版　　次：	2022年1月第1版
印　　次：	2022年10月第2次印刷
标准书号：	ISBN 978-7-5075-5502-8
定　　价：	48.00元

版权所有，侵权必究

| 目录 |

第一章 心理学导论 \001
问题 1 通俗心理学 vs 正规心理学 \003
问题 2 如何像心理学家一样思考 \005
问题 3 快速了解心理学，从这七个面向开始 \007
问题 4 为什么要了解心理学 \017
小结 心理学课程安排 \019
3 分钟心理学回顾 \020
心理学语录 \021

第二章 心理学的起源和脉络 \023
第一阶段 从古希腊时期到十八世纪，
　　　　　思考辨证中产生的哲学心理学 \024
第二阶段 十八世纪后，实验至上的近代科学心理学 \030
第三阶段 十九世纪后，百花齐放的当代心理学 \032
3 分钟心理学回顾 \048
心理学语录 \050

第三章 心理学的重要学者与理论 \051
荣格（Carl G. Jung）：走入集体潜意识 \052
埃里克森（Erik H. Erikson）：自我认同的追寻 \057
班杜拉（Albert Bandura）：社会脉络下的学习观点 \061
马斯洛（Abraham Maslow）：自我实现的需求 \065
米尔格拉姆（Stanley Milgram）：人性的黑暗面 \070
洛夫图斯（Elizabeth F. Loftus）：真作假时假亦真 \075
塞利格曼（Martin E. P. Seligman）：无助或乐观 \081
斯滕伯格（Robert J. Sternberg）：心理学的理性与感性 \087
3 分钟心理学回顾 \091

| 目录 |

第四章　心理学的学科分支 \ 093

学科 1　变态心理学 vs 心理疾病　\ 094

学科 2　临床心理学 vs 心理治疗　\ 108

学科 3　健康心理学教给我们的事　\ 112

3 分钟心理学回顾　\ 119

心理学语录　\ 120

第五章　从心理学看问题 \ 123

问题 1　聪不聪明怎么看：从量表定义 IQ　\ 124

问题 2　IQ 之外　\ 125

问题 3　学业的优秀 ≠ 人生的成功　\ 127

问题 4　EQ 是什么　\ 128

问题 5　你需要的是沟通还是说服：达成目标靠谈判　\ 130

问题 6　真正的沟通是什么：同理心的运用　\ 131

问题 7　如何让对方听进去你的话：学习自我表达　\ 133

问题 8　烈女怕缠郎：看久了就会喜欢　\ 135

问题 9　如何善用同步技巧：爱上镜子中的自己　\ 136

问题 10　愤怒是人类的生存本能　\ 141

问题 11　宽恕别人也需要ＳＯＰ流程　\ 142

小结　学习宽恕，从五个步骤开始　\ 144

问题 12　快乐何处寻：来自心灵的富足　\ 146

问题 13　如何建构快乐的方程式　\ 147

问题 14　什么决定了自尊：文化决定自尊形态　\ 152

问题 15　自恋到底好不好　\ 154

问题 16　这样的自尊要不得　\ 155

问题 17　找到自信的关键是什么　\ 157

小结　构成自信的三个层次　\ 158

目录

3 分钟心理学回顾 \ 161

心理学语录 \ 163

第六章 实践心理学 \ 167

招式 1 心理学的内功心法：科学精神 \ 168

招式 2 心理学的外功招式：体用合一 \ 169

心理学语录 \ 171

番外篇 参考书目和电影介绍 \ 172

DAY 1
第一章　心理学导论

　　自有人类文明以来，从没有一门学问如同心理学这般受到普罗大众的喜爱，即使在数千年后的今天，这股热潮也没有丝毫衰退的迹象。似乎任何动词、名词、形容词加上"心理学"三个字，就成了一门吸睛的学问，然而面对琳琅满目的书单，却也让许多对心理学感兴趣的读者不知从何下手。

什么是心理学？我们如何定义心理学？

如果你到网上书店用"心理学"当关键字搜寻，光是中文资料保守估计也能得到成千上万条，有些一望而知是教科书（例如《普通心理学》），有些着重于专门领域（例如《临床心理学》），有些教导"特殊"技能（例如《恋爱心理学》），有些带着一抹玄妙的色彩（例如《识人心理学》），有些像是高人传授秘密心法（例如《老狐狸心理学》），更有不少难以从字面上了解其内容（例如《食物心理学》）。然而这些就代表心理学了吗？

有人说："看完一整本普通心理学课本，好像也没有更加了解别人的心理嘛！""到底心理学都在学些什么呢？"这些问题反映了一个基本现象，就是所谓"正统"心理学所提供的知识，往往跟一般读者的期待有落差，不像坊间命理老师或两性专家那样亲民，这个现象可以先从心理学的定义谈起。

俗语说"一样米养百样人"，在我们周遭生活的形形色色的人群中，总不乏一些让我们感觉像是"外星人"的家伙，其穿着打扮或举止谈吐，从有点"怪怪的"到完全令人匪夷所思的程度，当我们试图去理解那些"外星人"的想法及行为背后的原因时，我们就已经扮演着业余心理学家的角色了。

事实上，心理学的原点，就是希望对人类的想法与行为提出一套合理的解释，并且让我们有办法进一步预测、甚至是去影响别人的想法与行为。

广义来说，当一个三岁孩子以哭闹的方式让妈妈抱抱安抚时，他已经是个颇为熟练的应用心理学家了，因为通过生活经验，孩子学会了用有效的方式来影响妈妈的行为，这在本质上与专业心理学家并没有太大的差异。然而这些通过生活经验所获得的"经验法则"——不管是从嘴唇厚度判断伴侣够不够专情，还是从客户在餐厅选择的座位来拟定谈判策略，都被归类为"通俗心理学"。

问题 1 通俗心理学 vs 正规心理学

通俗心理学起源于广为流传的人生智慧，如同民间偏方一般，某些时候颇为灵验，但严格说来，"通俗心理学"与"正规心理学"虽有所相似却不尽相同，这两者的差异有时很明显，有时则很微妙。这里有一个简单的判断依据：那些被冠上心理学头衔的理论或方法，是否能够被"科学方法"检验？我们以目前网络上的两个实例来说明正规心理学的视角观点。

一是智能科学研究中心宣称：通过检测双手的指纹（又称皮指纹），可以了解我们智力与人格的特征，帮助我们开发优势，强化劣势，及早为长远的人生作出规划。

二是业界人士提出美国专家学者最新研究结果发现，聆听莫扎特的特定曲目能提升儿童的智力（又称莫扎特效应），因此建议从怀孕期开始到儿童十岁前持续使用套装音乐产品帮助孩子的脑部发育。

这两个实例目前在市场上都占有一席之地，创造出颇为可观的商机，若读者有兴趣可自行上网搜索其中的关键词，甚至可以看到有人提出所谓科学证据：专家背书与大量统计学资料等等，然而这两者都未被纳入正规心理学的范畴，其中皮指纹是典型的"伪科学"，不论拥护者如何宣扬其科学性，在其悠久的百年历史中，至今仍未有被科学界广泛接受的证据；莫扎特效应则是尚未有定论的研究假设被商业炒作的结果，这个理论从一九九三年问世至今，仍未有肯定的科学定论。

莫扎特效应的研究创始者之一，罗斯特（Frances H. Rauscher）本人是任教于大学心理系的教授，然而她对于自己片断的研究结果，居然带来疯狂的商业化浪潮亦感到不可思议。若以精确的语言描述罗斯特的实验，结果如下：

> 聆听十分钟莫扎特D大调双钢琴奏鸣曲，能够"短暂提升空间能力测验的表现"。

关键字是"短暂"与"空间能力"，并非商业广告所暗示的能够"永久"提升"智力"。换句话说，许多业界人士拿着"一分证据"说"十分话"，并不符合科学精神。由以上论述可知，当代主流心理学自诩为一门科学知识，对科学方法有某种程度的理性坚持（随后章节将详述科学心理学），因而正规心理学知识是由受过科学训练的专家群体把关，就如同中国台湾优良农产品发展协会保障消费者购买的农产品有着一定水平的质量（虽然不见得是最好的），我们能够信任这些经过检验程序认可过的心理学知识。

另外，通俗心理学能在市场机制下大放异彩，必然有着服务广大民生需求的重要价值，许多通俗心理学的概念经过科学方法的检验后，反而弥补了正统心理学的不足。基于这些原因，可将通俗心理学视为潜力股，不应未审先判就加以否定，但也不应在有足够科学证据前就全盘接受。

心理学小词典

伪科学：泛指宣称具有科学基础的知识或方法，实际上却不符合科学精神，或无法通过严格的科学验证程序。常见的问题包括逻辑不严谨、推论错误、没有足够证据就妄下结论，或在众多可能性中拣选有利的偏颇解释。但若知识或方法并未自称为科学，就无须以科学标准检验之。

问题 2　如何像心理学家一样思考

不过，当心理学被定位为一门科学后，在正规心理学的学习中，自然少不了科学层面的训练。在众多研究方法中，实验法最被心理学者所看重。那么，该如何以符合科学精神的方式来思维呢？接下来将借由几个例子，简单讨论实验逻辑的思考方式。

实验法在心理学研究中之所以如此重要，其主要原因是唯有实验法能够帮助我们确定"因果关系"。因果关系是科学研究中一个非常重要的环节，举个例子，假若通过实验发现"儿童观看暴力影片导致其攻击行为增加"，就意味着"观看暴力影片"这个原因造成了"攻击行为增加"这个结果，在得到一个清楚的因果关系后，接下来就可以通过减少"观看暴力影片"来避免"攻击行为增加"，这就是因果关系确立的好处。而除了"实验法"以外的研究方法，通常不易得到明确的因果关系。

报刊媒体引用科学研究最常见的谬误之一，就是误导读者进入那些不存在的因果关系。以某条医疗新闻为例，其标题为"睡眠七小时，可预防老年痴呆症"，标题本身暗示着睡眠时长与老年痴呆症存在因果关系。而在详细阅读内文时，就可发现该研究既没有采用实验法，研究者也未宣称其有因果关系。原本的结果应是睡眠时数与老年痴呆症确有相关，但无法确定何者为因、何者为果，换言之，如果无法得知是睡眠时长造成了老年痴呆症，抑或老年痴呆症影响了睡眠时长，这样的新闻标题就是过度推论式的误导。

另一则短文来自互联网，据称引用自英国某大学的一项研究，文章标题为"咖啡的提神作用来自心理因素"。文章大意是研究者以实验法进行咖啡提神效果的研究，在两组受试者饮用咖啡后观察他们的反应表现。研究者玩了一个小把戏，告知第一组受试者所饮用的是无咖啡因咖啡，第二组受试者则相信自己喝的是一般咖啡，结果第二组受试者的表现较第一组要好。文章的结尾写道："根据这项研究结果，研究人员认为咖啡不具有真正的提神效果，民众觉得精神变好其实是心理作用。"

以下是在未查证原文的情况下，如何以实验逻辑检视这篇文章的合理性。由于文中并未清楚交代两组受试者所喝的咖啡实际上是否含有咖啡因，我们可以考虑比较合理的实验安排，就现有信息来练习思辨。

首先，假设两组喝的是同样的普通咖啡，可知表现差异主要来自相信是否有摄取咖啡因的心理因素，所以结果是"受试者的心理因素可以影响表现"或"受试者的心理因素可以影响咖啡因提神的效果"，然而我们是否能够断言咖啡没有提神效果呢？答案是不能！因为两组受试者同样都摄取了咖啡因，虽然第一组表现比第二组差，但还是可能比完全没喝咖啡的人表现得好。

另一种情况较为复杂，第一组喝了普通咖啡被告知不含咖啡因（这点与前面相同），但第二组喝无咖啡因咖啡却被告知是普通咖啡。由于第二组没有咖啡因的影响，他们的表现好纯粹源于心理因素，也许可以说"单纯心理因素所产生的提神效果，胜过那些真正摄取咖啡因却相信自己没有的受试者"，但能否断言咖啡不具提神效果？还是不行！——因为无从得知第二组的受试者如果真的摄取了咖啡因，会不会表现得比现在更好。

再次回到文章标题"咖啡的提神作用来自心理因素"，就可以看出问题所在。我们也许可以接受"心理因素能够产生提神作用"的观点，但从这个研究中却完全无法得出"咖啡不具有真正提神效果"的结论。上述错误结论是来自研究设计方面的漏洞，还是引用者的断章取义，我们不得而知，然而上述例子旨在说明，只要愿意通过逻辑思维去判断，就能评估各种来源的信息可信度。不过这不表示我们非得在每篇文章中"鸡蛋里挑骨头"，只要偶尔锻炼逻辑思维与质疑的能力，就能免于被以上似是而非的信息洪流所淹没。

综合上述可知，在面对形形色色的心理学知识时，需培养一定的模糊忍受度和逻辑思考的能力。心理学的确有许多理论既有趣且实用，但也常常因为包含多元的切入点，而无法对问题提出完整而令人满意的标准答案，然而这份包容性正巧也是心理学的魅力所在，因为鼓励不同的观点间彼此辩论

> **心理学小词典**
>
> **安慰剂效应**：给予病人不具真正疗效的药物，却因病人相信所服用的药物有效，而产生了真实的治疗效果。带来的影响是任何药物疗效研究都需证明其效果并非只是安慰剂效应，也让医学界开始正视病人的心理预期确实能影响治疗效果的现象。

的态度，才能促成这门科学不断成长进步。本书着眼于正规心理学内容，希望能在简短的篇幅中，为大家介绍本学科的精彩理论及其实践应用，以便大家快速而有效地掌握心理学的知识内涵。

问题 3　快速了解心理学，从这七个面向开始

　　前面曾经提过，心理学的出发点就是希望了解人类的想法与行为，在这个简单的命题下，包含太多可以讨论的主题，以致想用简单的定义完整地描述心理学的内容几乎是不可能的。对心理学的一般印象，多为利用心理测验看透人性，或是将心理学等同于心理咨询，实际上心理学的探讨方向远远不止于此。

　　当代心理学的学科分支有数十支，足见其涉及主题的多样性，由于人类的心智活动极其复杂，由其衍生出的行为更是包罗万象：人们睡梦中大脑神经系统的活动、面对问题时的思考模式，有时人们不顾自己利益帮助别人，有时却驾驶飞机冲进摩天大厦等等，这些行为无不在显示人类是多么精细而又复杂的物种。

　　相对于人类行为的外在表现，心智运作看不见也摸不着，因此对于一般人来说比较陌生，但这正是心理学家最感兴趣的领域。究竟要用什么方式，才能研究"心智"这个既模糊又抽象的东西呢？正所谓戏法人人会变，巧妙各有不同，心理学家有各式各样的探讨方向，以下先简单介绍一些重要的主题：

（一）从"生理基础"了解心理学

人类的心理与生理是一个密不可分的系统，就如同计算机的软件与硬件需要相互配合，才能运行良好，所以这是心理学研究中不可或缺的主题。这个方向致力于了解身心交互作用的原理，主要探讨人类的**"脑部功能""神经与内分泌系统""基因遗传"**等生理因素，如何影响心智功能，或者反过来，我们的心理状态怎么影响生理系统。

这其中有一个有趣的方向，就是以大脑功能来解释性别差异。

脑造影研究发现，男性与女性的大脑结构可能存在先天差异，以胼胝体为例。所谓的胼胝体是沟通左右半脑信息的高速公路，女性的胼胝体构造约比男性宽百分之三十，因此女性比较容易接受到来自左右脑的信息，男性处理信息时则比较局限于特定的区域。举例来说，男性只用特定的脑部区域处理情绪（主要是右脑，以掌管情绪为主），并不会影响其他的大脑功能（比如擅于逻辑分析的左脑），相对而言，情绪对女性来说似乎是个"全脑事件"，多数区域都因情绪而起反应。

这可以帮助我们解释为何男性似乎不像女性那么容易受到情绪影响，不但能在吵架时提出解决方案，偶尔还会怪罪女性过于"情绪化"。实际上，脑部构造与运作方式的不同，可能显示男性与女性所擅长的领域有所差异，男性也许比较容易专注在特定事件上，因为接收到的信息比较少，但却不像女性能够掌握多样化的信息，可以一心多用。

心理学小词典

脑造影：一种广泛应用于医学与研究的显像技术，能够将脑部的结构与运作区域以图像方式呈现，是当今大脑功能研究的主流典范，常用的技术为正子断层扫描（PET）、核磁共振成像（MRI）、功能核磁共振成像等等。

（二）从"认知功能"探讨心理学

认知功能毫无疑问是人类心智最重要的体现，人类的各种**"感官知觉""注意力""记忆""语言""思考""智力""问题解决""创造力"**等等，通通都属于这个主题的范畴。这个领域的心理学家致力于了解知识是如何被我们所学习与使用的，他们擅长分析各种认知功能的原理，将其作为许多应用领域的科学基础。

举例来说，当我们回到年幼时就读的小学校园时，似乎更容易想起来当时发生的点点滴滴。心理学家以实验证明当我们需要提取某些记忆时，如果伴随着当时储存这些记忆的情境线索，我们便能更有效地回忆曾经发生过的事情，这被称为**"情境脉络效应"**，后续更多的研究还证明了情境脉络效应不一定是来自外在的线索，不论听觉、嗅觉还是各种生理感官经验的线索，通通有助于我们回忆。

这个看似简单的道理，运用层面却非常广。例如，我们能够通过"嗅觉"的线索，来提升考试或项目报告的临场表现，如果应用在生活中，就可以挑一支提神的芳香精油滚珠瓶，或是绿油精、白花油……在每次学习或准备资料的时候，同时闻着这个气味，但只能在学习或演练的时段使用这个东西，准备以外的时间就不行。等到正式上场前，将气味抹在身上或脸上，便能有助于回想起准备的内容了。

近年来，很多康复机构也利用"情境脉络效应"，来帮助失智症患者康复，因为失智症患者的主要症状为大脑退化造成记忆力受损，连带整体生活功能逐渐退化，所以工作人员会将失智患者们的日常环境，以许多有早年气息的物品精心布置，让原本失去生命热情的老人们，再度回到年轻时代的氛围中。充分使用情境脉络效应，让他们的记忆、情感、社交都表现得比平时活跃，更有研究显示如果让失智患者一块儿制作一些以前年代的特色小吃，可以让这些老人在"认知功能""抑郁症状""脑波"方面出现改善迹象。如果家中有失智症的长者需要照顾，不妨考虑提供一些老歌、老电影来刺激他们的大脑功能，也许能唤起老人对环境事物的情感。

（三）从"心理发展"分析心理学

人的一生是一个不断变化的过程，每个人都从婴儿慢慢长大，经历儿童到青少年，变为成熟的大人，再从中年步入老年，而每个阶段都有其独特的心理状态。

所以"心理发展"这个主题，关心的就是人类各式各样的心智功能，诸如**"感官知觉""智力""语言""道德感""自我认同""亲密关系"**乃至**"人生目标"**等等，如何随着年龄增长而发生变化，特别是关于婴幼儿到青春期的心理发展研究，给亲子教育提供了相当丰富的资料。

许多父母都曾经玩过一个游戏：就是在婴儿面前先用双手把自己的脸遮起来，之后把手打开让脸露出来时，这时孩子就会惊喜地笑出声来，而不断反复把脸遮住再露出来的动作，会让孩子每次都会出现非常开心的反应。但是爸爸妈妈不久之后就会发现，这个小把戏是有年龄限定的，若把这个游戏跟已满周岁的孩子玩，就完全失去了这种"笑果"。

这个游戏的原理涉及心理学中称为**"物体恒存"**的知觉能力，也就是我们知道某个原本看得见的东西，不会因为我们看不见就代表它消失了，但这是婴儿在十个月大以后才能发展出的知觉能力，因此在这个年龄之前，每当大人遮住自己的脸，对婴儿而言就像突然消失了一般，所以才会在露出脸来时，逗得他们如此开心，因为大人又重新出现了，这份惊奇的感觉就相当于我们看到不可思议的魔术表演一样有趣。

然而随着人的成长，我们的心理发展也随之不同。现在请想象回到孩提时期的你，坐在生日蛋糕前，家人围坐在你身边，准备进行最令人兴奋的步骤——拆礼物，当你迫不及待拆开爸爸送的礼物，原本满怀期待的你，却发现那个东西你一点都不想要，这时你会有什么反应？

心理学家模拟了上述实验情境，用来研究小朋友对情绪的控制能力。毫无疑问，人类生活中充满了七情六欲，若说情绪是最重要的经验一点也不为过。研究从探讨影响情绪的因素开始，包括"生理变化"（血压、心跳、脑部活动等）、"思考模式"、"主观经验"等等，到由不同情绪所引发的行为、情绪调节策略、情绪如何影响健康等等。

在前面提到的拆礼物实验中，就是让学龄前儿童处在一个充满失望，却不能直接表达的情境中。而后，心理学家发现在那些实验中，能有效地调节负面情绪的儿童，以后比较不容易出现行为方面的问题，更有研究显示儿童参加情绪管理课程的成果，可以预测长大后的社会成就。

很明显，情绪管理是每个人的必修课，但是不同的情绪调节策略带来的效果又如何呢？让我们再次回到实验场景：

如果孩子使用压抑负面情绪然后控制脸部肌肉露出微笑的策略，虽然可以暂时避免惹恼爸爸的风险，但经由仪器测量内在的生理指标后会发现，强颜欢笑实际上让负面情绪变得更加强烈；相对地，如果孩子能借由调整想法，将注意力集中在爸爸特别挑选礼物的心意上，这样可能出现释怀的微笑，更重要的是，这时的生理指标也会显示出孩子真的已经消气了。

> **心理学小词典**
>
> 物体恒存：认知心理学家皮亚杰描述婴幼儿时期认知发展状态的专有名词，指"婴幼儿对于不在眼前的东西，知道它仍然存在，而不是没有了"，此一概念与婴儿的安全感及信任感的建立有一定的关系。

（四）从"人格分类"验证心理学

心理学将人格定义为"**思考、情绪、行为的特定模式，构成个人与外在环境互动的风格**"，这个主题的研究者感兴趣的是如何有效地描述人格与测量人格。早期心理学家致力于发展自己的人格理论，许多代表性人物都曾经提出过关于人格的独到见解，后期亦有不少心理学家从遗传基因、生物演化、社会文化等不同角度来解释人格。本书在随后介绍这些代表人物时，也将一并详述他们重要的人格理论。

一个经典的人格分类方法是由英国伦敦大学著名的心理学教授汉斯·丁

艾森克（Hans J. Eysenck）提出的，虽然距今已有约半个世纪的历史，然而因为许多后续研究确认其分类的有效性，至今仍沿用不衰。艾森克将人格大致分成四种类型，分类的测试方式如下：

步骤一：若有机会安排假日行程，你最常从事的活动是什么？
如果是与一群好友聚会或从事较为激烈的活动，属"外向型"。
如果偏好独处以及静态的娱乐，属"内向型"。

步骤二：一般而言你的心情是否容易起起伏伏，很少感到平静，或者一遇到不顺心的事就需要很长时间才能平复？
如果是，属于"不稳定型"。
如果否，则属于"稳定型"。

排列组合后就可以得到四种结果：
一是外向——稳定型；
二是内向——稳定型；
三是外向——不稳定型；
四是内向——不稳定型。

这四种人格类型并非绝对，但大多数人都会倾向于其中某种类型，先简单介绍一下四种人格类型。

1. 外向——稳定型

常给人活泼健谈的乐天派印象，处事随和，容易交到朋友，真诚直率是这种类型的人最大的魅力，因为容易被他人信赖，在团体中有一定的影响力，能为他人带来温暖正面的能量。这种类型的人偶尔会被评为胸无大志，缺乏上进心，人际方面可能敏感度略低，不擅于觉察他人的心思。具有良好的抗压性，若能加上同理心技巧，将有潜力成为优秀的业务员。

2. 内向——稳定型

常给人乖巧文静的印象，散发出沉稳平静的气质，在职场上是个负责可靠的伙伴，善解人意，待人贴心。接纳与包容是最令人安心的特质，因而容易成为别人倾吐心事的对象。由于不会刻意突显自己的存在，在人际方面可能较为被动，有时会让不熟的人感觉比较冷淡或有距离感。此类型的人兼具细腻心思与沉稳特质，是绝佳的内勤人员，在紧急状况时颇能安定人心。

3. 外向——不稳定型

常给人主动积极的印象，凭着感觉喜好行事，如同江湖人物般快意恩仇、交友广泛、重义气。有时做事欠缺考虑、莽撞冲动，容易与人起争执，善变易怒的特质可能让身边亲友又爱又恨。此类型的人勇敢且富有冒险精神，害怕无聊，喜欢寻求新奇刺激，但要特别注意那些可能带来伤害的活动，逞一时之快有时会带来无法想象的后果（也有研究显示这类型的人是犯罪的高危人群）。冲动控制是此类型人的主要课题，需要学习将旺盛的精力转向建设性活动，此类型人的好胜特质足以使其成为一流的企业家与运动员。

4. 内向——不稳定型

常给人严肃拘谨的印象，多少带点悲观退缩的倾向。此类型的人对情绪有绝佳的灵敏度，有心事的人在他们面前往往无所遁形；他们在群众中特别容易感到不自在，高度敏感的体质使他们很容易介意别人眼中鸡毛蒜皮的小事。

由于焦虑与忧郁常伴左右，此类型人的课题是学会在情绪之海冲浪的艺术，不被自己的忧虑恐惧所湮没。强烈的情绪是变奏的祝福，许多划时代的发明与艺术品都出自此类型人之手。

在这个简单的人格类型分析中，你是不是也看到了自己和朋友的某些特质呢？而人格理论最重要的贡献之一，就是能知己知彼而后进退得宜，试着根据上面的方式替身边的人分类，相处时就能有个分寸。若对精确的人格分类结果有兴趣，也可以参考艾森克人格问卷（Eysenck Personality Questionnaire，EPQ），网上也可以找到免费的中文版本。

（五）从"社会影响"思考心理学

人格心理学的基本逻辑是"什么样的人做什么样的事"，也就是主要以人格特质来解释人的行为。社会影响领域的心理学者却从另一个角度思考，所谓"人在屋檐下不得不低头"，有没有可能某些情境才具有决定性的影响力呢？

当人们在解释他人行为时，特别是那些难以理解的行为，例如劫机者采取自杀攻击，或是战争中的血腥大屠杀……我们通常倾向于认定这是"恐怖分子"或"邪恶者"所为，也就是将行为归因于个人特质，却忽略了情境或文化的影响力，其实我们所谓的恐怖分子，很可能是他们祖国群众心中的正义英雄。而心理学就将这个现象称为"基本归因谬误"，意指观察者常高估个人内在因素的影响力，而低估了外在环境因素。

许多研究都显示情境是影响行为的有力因素，换言之，多数人在特定情境下，都可能因受影响而做出类似行为。社会心理学家津巴多（Philip Zimbardo）所主导的著名研究"斯坦福监狱实验"就在探讨此一议题。

他们在斯坦福大学心理系的地下室建造了一个模拟监狱，在自愿参与实验的应征者中，根据标准化心理测验筛选出二十四位"成熟、情绪稳定、正常、聪明的男性大学生"，以丢铜板的方式将受试者分为两组（又称随机分配），分别扮演囚犯与狱卒，以研究不同角色的心理历程。

而后这个实验因出乎意料的发展被迫提前终止，津巴多教授提到："大多数人真的变成囚犯或狱卒，完全无法区分角色和自我，他们的行为、思考、感受都产生了剧烈变化，不到一星期的监狱实验已经抹杀一生的学习经验……有些男孩（狱卒扮演者）对待他人的方式好像对待卑劣的动物，以虐待别人为乐；其他男孩（囚犯扮演者）则成了卑微无人性的机器人，心中只想着逃跑、生存以及对狱卒的憎恨。"

仅仅是模拟的情境，对于正常人的行为就有如此强烈的影响力，足见真实生活中的机构角色能够如何塑造人的行为。监狱实验延伸出许多人性黑暗面的议题并可深入的探讨，可参阅津巴多教授的经典著作《路西法效应》。

（六）从"心理测验"研究心理学

相信大家都曾在报纸媒体上玩过各种心理测验，最引人入胜之处就是表面上看来毫不相关的选项，却能揭露人心底的秘密；我们日常生活中能够随意看到的心理测验，一般而言其趣味性大于准确性，然而为何多数人觉得这些测验颇为准确？我们可以来实际体验一下。

假设你才刚刚做完一个心理测验，之后得到如下的结果："你希望能够得到他人的喜爱与欣赏，偶尔有自我批评的倾向，虽然外表看来坚强，但内心有时感到忧虑与不安，有些时候，你也会怀疑自己所做的决定是否正确。你喜欢生活中有些变化与弹性，当被限制时会感到不自在……"

以上是一个经典的心理学实验，参与研究的受试者在实际填写心理测验后得到上面的解释，他们普遍认为这些句子非常贴切地描写了他们的个性。然而这份解释完全不是依据他们填写的答案而分析出的结果，而是研究者从占星书籍中精心挑选的句子组合而成，事实上参与研究的每个人都拿到完全相同的结果（当然，他们是在事后才被告知这点）。这个研究揭露了一种现象：当面对模棱两可的描述时，我们很容易在心里对号入座，去认同这个结果的准确性。

这个现象就是心理学中著名的"**巴纳姆效应**"。也许不难想象，巴纳姆效应正是许多江湖术士的惯用伎俩。这个研究要提醒的重点是，某些预言的准确性，正巧来自于语言本身的模糊性（例如留意身边小人），因为这种模糊性对多数人而言都适用。

正规心理学发展了上百种的正式心理测验，又被称为标准化心理测验，如前述的艾森克人格问卷，与坊间心理测验的主要差异在于测验的内容比较严谨，除了需要理论依据之外，还需通过许多复杂方式来确认测验的有效性，因此心理测验是一个专门的技术领域，某些标准化心理测验甚至成为法律上认可的证据，例如韦氏智力量表。

为了维护心理测验的准确性，有时会规定具有心理学相关背景的专业人员才能使用或解释测验结果，以避免测验被不当使用。而专业的心理测验也广泛应用于许多领域，包括学术研究、教育辅导、心理资讯、人力资源管理、临床心理评估、精神疾病诊断等等。

> **心理学小词典**
>
> **巴纳姆效应**：人们会对于一些模糊的描述给予高度准确的评价，这些描述往往十分概略及普遍，故能放之四海而皆准，适用于很多人，这也解释了为何某些语焉不详的占卜结果却能被普遍接受。

（七）从"心理健康"判断心理学

新闻中对冷血智能型杀人魔的描述、生活中流浪汉在马路边对着空气叫嚣，这些令人印象深刻的场景足以让我们意识到，自己与大多数人一样平凡，换言之，也一样的正常。

而如何判断健康与否，大多始于对"不健康"的研究。早在十三世纪初便认为精神举止异常的人是遭到恶魔附身，或由月相与星象的错位导致，当时他们大多受到监禁与几近虐待的治疗方式。

直到十九世纪人道主义思想兴起，对于精神异常的患者才开始有合理的医疗待遇。时至今日，精神医学已演进成一套系统化的诊断方式，对各种心理疾病加以界定（如抑郁症、强迫症），进而了解其心理病理，并发展出相应的治疗技术，本书随后将有专门章节讨论心理疾病这个主题。

随着生活质量大幅提升，我们获得了更多的物质，但却无法带来对等的精神满足，人们逐渐意识到能够治疗或预防心理疾病，仅仅只是心理健康的最低标准，距离大众所向往的幸福快乐还有相当的差距，于是一波新浪潮出现，心理健康的研究视角不再局限于心理病态这类少数人群，转而扩展到适用于多数人的主题，例如亲密关系、压力管理等。学者发现当负面情绪较多时，体内的免疫球蛋白抗体数量会比较少，这解释了为何处在压力下的人们比较容易受到感染而生病，这类研究帮助我们理解良好的心理状态是健康不可或缺的条件。

值得一提的是，近年来这个领域最热门的研究取向是致力于人类的正向心理特质，诸如爱、尊严、自我价值、喜悦等等，心理学家在心理健康领域的研究担负着促进人类身心圆满的使命，我们也期待更多的研究结果能回应大众的需求。

> ### 心理学小词典
>
> **韦氏智力量表**：现行最常使用的智力评估测验，能测量全面的认知功能，了解智力程度与不同能力的优劣势，仅专业人员可以使用与持有，应用于教育、医疗、身心障碍鉴定、司法鉴定等领域。

问题4 为什么要了解心理学

由前文可知，心理学强调以研究的方式，得出符合科学精神的知识与方法，去解读人类的思考和行为模式，因而在了解心理学的同时，往往也内化了科学的辩证思维，一旦心中的那把尺逐渐成形，就能习惯性地以理性思维看待不同来源的信息。此外，多样化的心理学主题，也为我们提供了重要的基础架构，去学习和理解人性这个难以捉摸的事物。而心理学最大的价值莫过于实质性的助益，通过提供可操作的原理原则，为我们解决生活中的问题。下面的实例，将有助于了解心理学可能如何应用在一般上班族的日常生活中。

嘉祺是个三十岁的科技企业员工。他一早起床伸个懒腰，觉得精神十分饱满，回想起两年前靠安眠药入睡的日子，与现在相比显得很不真实，那时经由医院睡眠中心的临床心理师协助，嘉祺才知道，原来只要通过临床心理学中的行为改变技术，养成良好的睡眠习惯，配合放松技巧逐渐克服安眠药的依赖，睡觉也能是件自然容易的事。>>>>> **临床心理学的应用**

稳定的工作表现与良好的同事关系，让他在半年前晋升为中层主管。早上，他将代表公司面试一批求职人员，办公桌上有人力资源管理部门整理好的简历和求职者的心理测验资料，以及根据测验结果所提出的参考建议。测验结果将其中四位求职者列入不予考虑名单：两名适应不良的高危险人群、一名企图营造过度完美形象、一名测验结果太多前后不一致；而其他应征者则依人格特质与业务需求的适配度，排定录取次序。＞＞＞＞＞ **心理测验的应用**

面试过程基本顺利，不过在其中一名优秀的应征者身上，嘉祺注意到一些细微的线索，虽然应征者有无可挑剔的学历和临场表现，但是他在回答问题时，眼球时常往右上方移动，微笑不对称、眼睛也毫无笑意，在笑容快速消失后，常会出现一闪而逝的不安神情。而心理学中非语言沟通领域的研究结果显示，通常人在试图说谎或隐瞒时，就会出现上述不自觉的脸部表情。于是他刻意问了些唐突的问题，观察对方在慌乱下的表现，在与其他面试主管简短讨论后，这位应征者被从原本的第一录取顺位后移。＞＞＞＞＞ **非语言沟通领域的研究应用**

在下午的会议中，与其他部门主管因权责划分而意见不合，嘉祺尽可能坚定地表达立场，并不断使用同理心与沟通技巧，避免造成激烈冲突。散会后他带着虚脱感，下意识地摸摸口袋想抽根烟，才想起为了健康，他已经戒烟两个月了。于是他开始练习情绪管理技巧：首先接纳自己的情绪，再用呼吸放松法来稳定情绪，随后他觉察到脑中自我批评的想法才是让心情如此糟的主要原因，他适时调整后感觉有能力专注在待办事项上了。＞＞＞＞＞ **健康心理学的应用**

下班前，他打电话约了两个好友，晚上挑间馆子聚一聚。他打算准时下班到健身房流一身汗、冲个澡，再清爽地出门跟朋友见面。他很清楚地知道，运动是压力管理中不可或缺的部分，而快乐的生活绝对少不了友谊。＞＞＞＞＞ **正向心理学的应用**

以上的例子告诉我们，心理学不仅可以让人睡得更好、工作表现提升、改善沟通能力、管理压力与情绪、生活更加快乐满意……偶尔还可以帮我们逮到不老实的人。心理学实在是一门非常实用的学科啊！

小结 心理学课程安排

　　看到这里，大致已经了解心理学的定义、大概的研究主题，以及心理学在生活中与我们之间的关系。

　　接下来的第二天，我们暂且回到心理学的起源，讨论这门学问的发展轨迹，了解心理学如何由哲学心理学演变到科学心理学，进而发展出当代的心理学派典范。

　　随后第三天将介绍心理学中最常被提及的经典学派，其代表人物与理论，简要地认识这些心理学大师和他们的研究范围。

　　第四天的主题是现代人最关切的心理学科，也就是心理健康的一部分，我们将介绍常见的心理疾病，若有需求时能够向谁寻求什么样的协助，并使用正确方式来促进身心健康。

　　第五天，我们将提出生活中常见的大小问题，从个人性格到学业、工作、社交……示范心理学如何实际应用来改善生活。

　　最后的第六天、第七天，就让我们放下书本，看看如何在生活中用心理学的方式看问题，进一步实践前五天所学。

3分钟心理学回顾

1. 心理学的研究目的在于对人类的想法与行为提出合理的解释,甚至进一步预测、影响别人的想法与行为。

2. 相对于外在行为,心智运作看不见也摸不着,正规心理学将之视为一门科学知识,从科学方法和实验中找到答案。

3. 在解读各式各样的信息时,通过逻辑思维去判断,就能评估各种来源的可信度。

4. 通俗心理学可以视为广为流传的人生智慧,不应未审先判地加以否定,但也不应在未有足够科学证据前就全盘接受。

5. 人类的心理与生理是密不可分的系统,脑部功能、神经与内分泌系统、基因遗传等生理因素同样会影响心智功能和行为。

6. 在提取记忆时,若追寻着当时储存记忆的情境线索,就能更有效地回忆当时情境。

7. 人的一生是一个不断改变的过程,每个阶段都有其独特的心理状态,并影响其行为模式。

8. 能有效地调节负面情绪的儿童,成长过程比较不容易出现行为问题。

9. 多数人在特定的情境下,都可能受其影响而做出令人不可思议的行为。

10. "巴纳姆效应"的结果告诉我们,预言的准确性,通常来自语言本身的模糊性,因为它对多数人而言都同样适用。

11. 具有较多负面情绪时,体内的免疫球蛋白抗体数量会降低,因此处于压力下,人们容易受到感染而生病。

12. 心理学提供了重要的基础架构,去学习"人性"这样难以捉摸的事物,并通过提供可操作的原理原则,解决人生的各种问题。

Day 1
心理学语录

一件具有不朽之美的艺术品,价值并不依赖于其制造的物质,之所以变得有价值,只因它表达了艺术家的思想。——冯特

接受现实是克服不幸的第一步。——威廉·詹姆士

智者的艺术即是知道什么该忽略的艺术。——威廉·詹姆士

心理学是关于心理生活的科学,既包括心理生活的现象,又包括心理生活的条件。——威廉·詹姆士

爱与工作,工作与爱……人生不外乎就这两件事。——弗洛伊德

每个人都有不同程度的自卑感,而优越感即是自卑感的补偿。——阿德勒

有意义的小事比无意义的大事更有价值。——荣格

我们的心理疾病里都藏着神性。——荣格

人的内心藏有自我实现的倾向。只要移除障碍,每个人都能发展为成熟而完全实现自我的成人,就好比小小的橡实终将长成高大的橡树一样。——霍妮

人老是向外寻求力量与信心,但它们其实来自内在,而且一直都在那儿。——安娜·弗洛伊德

生命的意义只有一个:就是"活着"这个行为本身。——弗洛姆

人们以为自己知道自己行为的原因是什么,其实许多行为的原因人们并不知道。——斯金纳

对个人而言,最重要的是当下的状态。——马斯洛

为实现精神健康,个人必须为自己的行为负责。——马斯洛

人们被警告要小心路上的坏人,但这些坏人往往平庸一如邻人。——津巴多

自我表露与主观幸福感间的因果关系是双向的。——朱拉德

DAY 2
第二章　心理学的起源和脉络

谈论心理学史时,总不免引用德国心理学家赫尔曼·艾宾浩斯（Hermann Ebbinghaus）的名言:"心理学有一个漫长的过去，却只有一个短暂的历史。"心理学的滥觞可追溯至千年前的古文明时期，根据考证"心理学"这个英文专有名词"Psychology"起源于公元一五〇二年欧洲的塞尔维亚，然而，心理学真正成为一门独立的学科，也不过是近百年的事。

寻找历史中的心理学脉络：心理学是如何发展的？

在人类上古文明的遗迹或著作中，均可找到心理学的蛛丝马迹，其中包括古印度、古埃及、古中国与古希腊，虽然当时的文字记录多已遗失或损毁，学者们仍能从只言片语中拼凑，推测许多心理学议题在很早前就被人们提出过。

《黄帝内经》成书于两千五百年前，时值中国的春秋战国时期。这本重量级的中国医学经典已经能以相当细腻的方式谈论身心医学，例如《素问》篇中提到"心者，君主之官也""心藏神"，就是以当时的语言概念讨论心理意识如何受到生理功能的影响。

在《黄帝内经》问世后不久，古希腊也出现了被喻为西方医学之父的希波克拉底（Hippocrates），除了医学上的成就外，他也是首次提出系统化人格理论的学者。当时认为人体主要由四种体液所构成，包括血液、黏液、黄胆汁与黑胆汁，而希波克拉底的人格理论便是建立在这四种体液的基础上。举例来说，容易忧郁的人，在当时被认为是因黑胆汁过多所致。

这个理论直到中世纪在欧洲仍相当盛行，多少也在概念上启发了后世以不同血型来解释个别差异，但最重要的影响可能来自这个理论的前提："人格或心理状态是具有生理基础的"，这正是当代生理心理学的核心论述。

第一阶段 从古希腊时期到十八世纪，思考辩证中产生的哲学心理学

据考证，两千年前的古希腊人已经开始思考心理学问题，诸如每个人看到的外在世界是否相同，心灵是否可独立于肉体之外，精神状态异常的成

因为何……这些话题至今仍在讨论。古希腊文明的崛起，如同一颗闪耀的巨星，因为当时仅有极少数人识字，书籍都是手工抄写于纸草或羊皮上的奢侈品，夜晚也只有油灯可以提供微弱的照明，所以令众多史学家不解的是，在如此原始的生存条件下，到底是如何孕育出雅典人难以置信的智力成就，而他们又是如何看待人类的心理问题。我们或许可以从以下几位著名古希腊哲学家的故事中瞧出端倪。

> **心理学小词典**
>
> **四气质理论**：由古罗马名医盖伦提出，继承和发展自希波克拉底的体液说，认为人类有四种气质。多血质，行动表现为热心、活泼；黏液质，心理表现为冷静，善于思考和计算；抑郁质，较神经质，但有毅力；胆汁质，易发怒且动作激烈。这是心理学史上最早的人格分类描述。

（一）古希腊时期的心理学发展

古希腊哲人苏格拉底（Socrates）曾谦虚地说，自己比别人唯一的聪明之处在于他知道自己什么都不知道。的确，如果少了这位古希腊哲人，西方思想史恐将黯然失色，而其中最重要的部分，来自他用来获得知识的方法，即"苏格拉底式的对话"或称"辩证法"。

苏格拉底最鲜明的形象就是穿着破旧长袍在市集中与各式各样的人辩论，在教学时会不断提问以指出学生的矛盾之处，而后学生通过自己的思考推论得出新结论，因而苏格拉底认为自己只是把别人的思想"接生"出来。这样的教学模式不但影响了后代心理学的研究方向，也被目前主流的认知心理治疗学派作为重要的治疗技巧。

苏格拉底认为通过提问与辩论的过程，能引导我们"回想"起已存于自身的知识（而非"习得"外在知识）。因此，如果辩证法显示了"固有知识"的存在，就表示人们并非如同无瑕白纸般降生于世，而是带着某些先前知识诞生的，这证明了一种独立于肉体的不灭存在，即"意识"或"灵魂"，

苏格拉底

苏格拉底（Socrates，前469—前399年）。古希腊思想家、哲学家，苏格拉底和他的学生柏拉图，以及柏拉图的学生亚里士多德并称为"古希腊三贤"，他被后人广泛地认为是西方哲学的奠基者。

由此奠定了后世"身心二元论"的观点。

苏格拉底以其貌不扬、身无长物的形象示人，然而他著名的弟子，同样名留青史的哲学家柏拉图（Plato），却在各方面与苏格拉底大不相同。柏拉图来自一个经济条件优渥的家庭，传闻因他俊美的长相不论男女皆对其倾心，柏拉图在遇见苏格拉底前的志愿是成为一位诗人，偶然在公共场所听到苏格拉底的演讲后拜其为师，并尊其师为"我所认识的人中最有智慧、最公正、也是最好的人"。

柏拉图在其广为人知的著作《理想国》中提到，人的灵魂如同两头马车，其中一头"温驯（精神）"，另一头则"难以控制（欲望）"，而正是理智驾驭着两头马车，使其相互配合，并行不悖。两千多年后心理学大师弗洛伊德所提出的人格理论，同样将人分为超我（道德）、本我（欲望），以及统合两者的自我（理智），与柏拉图最初的概念不谋而合。

柏拉图

柏拉图（Plato，前 427—前 347 年）。古希腊伟大的哲学家，也是西方哲学乃至西方文化最伟大的哲学家和思想家之一。

作为柏拉图的弟子，亚里士多德在科学史上获得的赞誉几乎超过了其恩师，由于在多门学科上都有不凡的贡献，他被公认为古希腊的爱因斯坦或达·芬奇，被誉为不世出的天才。有别于苏格拉底与柏拉图强调先天知识的重要性，亚里士多德认为通过观察来归纳出知识原则是最基本的科学方法，也就是通过对万事万物"异中求同"形成的概念，能够使我们到达更高的知识层级与智慧。

亚里士多德对心理学领域的重大启发，主要来自对心灵本质的探讨。他跳出"身心二元论"的框架，认为心灵既不是"非物质"的存在，也不等同于脑或心脏等"生理构造"。亚里士多德认为"心灵的本质是人类在思考过程中所采取的步骤"。当代心理学，诸如"认知心理学"与"人工智能"等领域的研究也都建立在这个假设概念上。

亚里士多德

亚里士多德（Aristotle，前384—前322年）。伟大的哲学家、科学家和教育家，堪称古希腊哲学的集大成者。他是柏拉图的学生，亚历山大的老师。作为一位百科全书式的科学家，他几乎对每个学科都做出了贡献。

亚里士多德之后，心理学的发展进入了长达两千年、心理史学家所称的"冰河时期"。有一种说法是由于后来的宗教与政治氛围倾向于保守，使得相关的学术活动多倾向于考察前人遗留的思想；另一种观点则认为是先前的希腊哲人思维走得过于超前，以至于很长一段时间无人能够超越。

名家逸事

苏格拉底的婚姻趣闻广为流传。他的妻子是众所皆知的泼妇，可是他却根据自己的处境，得出一个幽默的结论："不管怎么样，还是要结婚。如果娶到一位好太太，那么你很幸福；如果你娶到一位坏太太，你会变成一位哲学家。"

（二）启蒙运动时期的心理学

一直到了十七世纪，心理学的发展再度出现了一位举世闻名的思想家——笛卡尔（Descartes）。虽然有人将他喻为"当代第一个伟大的心理学家"，但在当时，心理学仍只是哲学思想的一个分支。

笛卡尔通过自身的推理，再度支持了"身心二元论"的观点，他的经典名言"我思故我在"常被望文生义地解读为"思考是人类存在的价值"。实际上，当时笛卡尔所思考的重点是"自我"是否存在。他发现就算要去质疑或否定那些构成"我"的成分（例如感觉、想法、记忆），也必须有某个"存有"或某个"我"在进行这个质疑或否定的过程，因而逻辑上无法通过否定去证明"我"是不存在的。换言之，"我思故我在"的意义接近于"当我在质疑或否定时，那个正在进行质疑或否定的我就必定存在"，即便质疑或否定的对象是"我"也一样。

笛卡尔推崇人类高贵灵魂的无形存在，然而当代的生理学已有相当程度的发展，他本人亦曾进行过动物解剖研究。他认为灵魂与肉体的交汇处应该在大脑的松果体，灵魂的意志将通过松果体来使肉体执行。笛卡尔进一步补充，过于强烈的情感将造成混乱，使得灵魂失去对松果体的掌控，因而主张人们应该通过意志来控制情感，这也是笛卡尔被称为理性主义者的原因之一。

从古文明时代至此，众多思想家都尝试为人类的心灵活动提出解释，其中不乏前瞻性的思考，其成就高度以今日眼光看来极为不可思议，因为这些前辈们有着共同的困境，除了观察、思维与推理之外，似乎没有其他工具方法可以协助其对心理学进行研究。我们在此画下一个界限，将古希腊时期至十八世纪左右的心理学思想统称为"哲学心理学"，与后来的"科学心理学"做出区分。

心理学小词典

松果体：位于大脑中央的内分泌腺体，早期被认为是灵魂的居所，被神秘主义者称为"第三只眼"，认为开启松果体可以使灵性意识提升。目前医学已知松果体所分泌的褪黑激素是调节睡眠周期的重要物质。

第二阶段 十八世纪后，实验至上的近代科学心理学

笛卡尔过世后的十八世纪，科学的发展如雨后春笋，诸如医学、物理学、数学、天文学、化学、植物学等学科都取得了重大的进展。这百年内的大跃进也将心理学带入了科学洪流中，开启了科学心理学的时代。

科学蓬勃发展最重要的基础，是人类开始大量使用实验的精神或方法来追求新知，我们可以借由一个例子感受十八世纪末的科学氛围。公元一七八四年在巴黎进行了一次调查，调查对象是一位当时声势如日中天的奥地利医师——弗朗茨·安东·麦斯麦（Franz Anton Mesmer），他当时使用一种独创的磁性疗法，成功地治愈了许多眼盲及瘫痪的病人。这种带有神秘色彩的治疗吸引了大批病患前来求诊，最终使得巴黎的官方机构介入调查。

调查委员会的组成包括医师、化学家等学者，调查方式包括实验法。调查者告诉受试者他们将接受一扇关闭的磁门治疗，但实际并未真正地加上磁力，然而最后这群受试者报告的主观感受显示，他们感觉有如接受真正磁疗一般。这个实验结果成为关键的证据，委员会依此裁决麦斯麦的磁性疗法纯属子虚乌有，其疗效仅来自于病人的想象。当然，官方的裁决重创麦斯麦的事业，使他的人生后半段在抑郁中度过。

以现代精神医学来看，称麦斯麦为"江湖郎中"或"骗子"并不公平，毕竟他解除了大批病患的痛苦是不争的事实。现代人尊称麦斯麦为催眠治疗的鼻祖，只是那个时代的人（包括麦斯麦本人）并不了解真正产生疗效的原

> **心理学小词典**
>
> 催眠治疗：借由特定技巧引发意识状态的改变，以达到改善心理状态或行为的疗效。催眠治疗不等于媒体上的催眠表演秀。真正的催眠治疗是以治疗为目的，以隐密的方式进行，接受治疗者通常能记得治疗过程的内容，催眠师也无法在违背他人意愿的情况下加以操纵。

因罢了。我们也可以看到，纵使当时采用的实验逻辑并不完善，在十八世纪末时，以科学之名所进行的调查仍具有绝对影响力。

（一）科学心理学的诞生

公元一八七九年，学者威廉·冯特（Wilhelm Wundt）在德国莱比锡大学设立了第一个心理学实验室，主要研究人类的感官知觉经验与生理心理学，由于他提倡以实验法进行心理学研究，因而被多数学者公认为科学心理学的主要创始人。他主张心理学只有在以实验结果为基础时，才能成为一门科学，并认为意识确实能以实验的方式进行研究，这个观点直接影响了心理学的定位，至此心理学可以说是真正剪断了与哲学的脐带，朝着成为一门独立的科学方向努力。

公元一八九二年成立的"美国心理学会"（American Psychological Association，APA），使心理学正式成为独立的专业，并宣告其主要使命为"推动心理学成为一门科学"。

学会成立于十九世纪末，当时会员不满百人，如今已增加到十几万名，美国心理学会毫无疑问是当代心理学开展研究最重要的主导组织，而该学会制定的论文写作格式（APA格式）目前亦为社会科学领域学术论文写作之模板。

（二）为心理学立下标准的统计学与研究法

无独有偶，统计学在十九世纪逐渐从数学领域中独立出来后，便在科学研究中取得不可动摇的地位。对于非科学领域的人而言，统计学可能显得抽象而陌生。简而言之，统计是一种搜集资料、分析资料并做出推论的科学。统计学主要针对以下问题提供建议：如何以量化的方式检验研究者的假设？对于不同类型的资料应该采用何种分析方式？所得数据的可信度与意义是什么？

统计学的成熟发展解决了许多数据分析上的难题，使得学者在研究上如虎添翼，所引发的涟漪效应是更多学者喜爱以数据形式呈现研究结果，以此观之，也可以说是统计学将科学研究的量化典范推向高峰。

这里所引发的议题是，纵使心理学欣然投向科学的怀抱，其研究对象与传统科学却有着决定性的差异。在自然科学领域，我们能够以先进的仪器去测量，得到精确的化学组成或物理条件，然而在心理学领域，愤怒情绪该如何测量？聪明才智又该如何量化？

学者们很快认识到，心理学研究在精准度上有着先天上的限制，是作为研究对象的人类，本身就是高度复杂与不稳定的。这也是为何早期心理学家的实验都是针对容易测量的人类知觉反应（例如从听到声音到做出反应需要多长的时间），到十九世纪中期，学者们普遍认为要以实验法测量高等的心理运作（例如思考、记忆）是不可能的，这样的观点直到近二十世纪时才有所改变。

由于大多数情况下无法像自然科学般，通过测量得到绝对的数值，心理学时常要在模糊的条件下进行研究。为了克服这个困境，心理学家需要更为强大的研究方法与更加完善的研究逻辑，如此才能在主流科学的量化典范中保有其学术价值，这也促使心理学研究方法不断演进。拜高科技所赐，今日的我们所能使用的研究技术，已远远超过半个世纪前学者们的想象。

第三阶段　十九世纪后，百花齐放的当代心理学

科学精神在心理学的独立运动中扮演着关键角色，也造就了科学心理学，至今仍主导着心理学界的发展。虽然这股趋势多数心理学家都乐见，但并非没有反对的声音。有些学者认为过度依赖科学终使心理学导向忽略人性真实的一面，有些人则认为量化典范的科学研究法并不适用于所有心理学课题，有些领域关注知识的实用性更甚于科学严谨性。

科学演进本当海纳百川，换言之，科学应该是一种游戏规则，而不是用来限制特定对象进入游戏的"门槛"。当代心理学的发展史就如同一条蜿蜒的小溪，在摇摆辩证中寻找微妙平衡，形形色色的观点不断被提出与讨论，最终分流成不同理论学派，各家对人类心理的观点有些大相径庭，有些此呼彼应，以下将依历史发展的顺序，介绍当代心理学最具代表性的典范（Paradigms）。

因罢了。我们也可以看到，纵使当时采用的实验逻辑并不完善，在十八世纪末时，以科学之名所进行的调查仍具有绝对影响力。

（一）科学心理学的诞生

公元一八七九年，学者威廉·冯特（Wilhelm Wundt）在德国莱比锡大学设立了第一个心理学实验室，主要研究人类的感官知觉经验与生理心理学，由于他提倡以实验法进行心理学研究，因而被多数学者公认为科学心理学的主要创始人。他主张心理学只有在以实验结果为基础时，才能成为一门科学，并认为意识确实能以实验的方式进行研究，这个观点直接影响了心理学的定位，至此心理学可以说是真正剪断了与哲学的脐带，朝着成为一门独立的科学方向努力。

公元一八九二年成立的"美国心理学会"（American Psychological Association，APA），使心理学正式成为独立的专业，并宣告其主要使命为"推动心理学成为一门科学"。

学会成立于十九世纪末，当时会员不满百人，如今已增加到十几万名，美国心理学会毫无疑问是当代心理学开展研究最重要的主导组织，而该学会制定的论文写作格式（APA格式）目前亦为社会科学领域学术论文写作之模板。

（二）为心理学立下标准的统计学与研究法

无独有偶，统计学在十九世纪逐渐从数学领域中独立出来后，便在科学研究中取得不可动摇的地位。对于非科学领域的人而言，统计学可能显得抽象而陌生。简而言之，统计是一种搜集资料、分析资料并做出推论的科学。统计学主要针对以下问题提供建议：如何以量化的方式检验研究者的假设？对于不同类型的资料应该采用何种分析方式？所得数据的可信度与意义是什么？

统计学的成熟发展解决了许多数据分析上的难题，使得学者在研究上如虎添翼，所引发的涟漪效应是更多学者喜爱以数据形式呈现研究结果，以此观之，也可以说是统计学将科学研究的量化典范推向高峰。

这里所引发的议题是，纵使心理学欣然投向科学的怀抱，其研究对象与传统科学却有着决定性的差异。在自然科学领域，我们能够以先进的仪器去测量，得到精确的化学组成或物理条件，然而在心理学领域，愤怒情绪该如何测量？聪明才智又该如何量化？

学者们很快认识到，心理学研究在精准度上有着先天上的限制，是作为研究对象的人类，本身就是高度复杂与不稳定的。这也是为何早期心理学家的实验都是针对容易测量的人类知觉反应（例如从听到声音到做出反应需要多长的时间），到十九世纪中期，学者们普遍认为要以实验法测量高等的心理运作（例如思考、记忆）是不可能的，这样的观点直到近二十世纪时才有所改变。

由于大多数情况下无法像自然科学般，通过测量得到绝对的数值，心理学时常要在模糊的条件下进行研究。为了克服这个困境，心理学家需要更为强大的研究方法与更加完善的研究逻辑，如此才能在主流科学的量化典范中保有其学术价值，这也促使心理学研究方法不断演进。拜高科技所赐，今日的我们所能使用的研究技术，已远远超过半个世纪前学者们的想象。

第三阶段　十九世纪后，百花齐放的当代心理学

科学精神在心理学的独立运动中扮演着关键角色，也造就了科学心理学，至今仍主导着心理学界的发展。虽然这股趋势多数心理学家都乐见，但并非没有反对的声音。有些学者认为过度依赖科学终使心理学导向忽略人性真实的一面，有些人则认为量化典范的科学研究法并不适用于所有心理学课题，有些领域关注知识的实用性更甚于科学严谨性。

科学演进本当海纳百川，换言之，科学应该是一种游戏规则，而不是用来限制特定对象进入游戏的"门槛"。当代心理学的发展史就如同一条蜿蜒的小溪，在摇摆辩证中寻找微妙平衡，形形色色的观点不断被提出与讨论，最终分流成不同理论学派，各家对人类心理的观点有些大相径庭，有些此呼彼应，以下将依历史发展的顺序，介绍当代心理学最具代表性的典范（Paradigms）。

（一）精神分析（Psychoanalysis）：从病态中建立典范

就在冯特创立第一个心理学实验室的同一时期，维也纳一位二十出头的犹太小伙子即将完成他的医学课程，成绩极其优异的他后来成了一位医师。在整个心理学界醉心于向科学转型时，天纵英才的他另辟蹊径，没有实验仪器与测量工具，仅仅凭借对病人与自我的深度探索，发展了名为"精神分析"的心理治疗法，这位特立独行的心理学家正是西格蒙德·弗洛伊德（Sigmund Freud）。

精神分析可能是当代心理学中最负盛名的学派，就算没有正式接触过心理学的读者，多少也曾听过开山祖师爷弗洛伊德的大名，或对"潜意识""防卫机制""投射"这类名词耳熟能详。自十九世纪末问世后，精神分析学派在精神医学中有着屹立不倒的地位，至今仍在文学批评、艺术理论、社会学等人文思想领域展现其影响力。

弗洛伊德

西格蒙德·弗洛伊德（Sigmund Freud，1856—1939年），奥地利精神病医师、心理学家、精神分析学派创始人。他开创了潜意识研究的新领域，促进了动力心理学、人格心理学和变态心理学的发展，奠定了现代医学模式的新基础，为二十世纪西方人文学科的发展提供了重要理论支持。

早年弗洛伊德在维也纳综合医院担任神经科医师，当时的主流医学认为精神疾病是由神经异常的生理因素造成的，对病患的处置大多是电疗或囚禁。除了不人道之外，这些方法通常也没有太大成效。弗洛伊德受到恩师夏尔科教授的启发，通过阅读大量的病历记录，他试图从病患语无伦次的疯言疯语中，找到精神失常的病因。

经过数年研究后，弗洛伊德提出一个革命性的病理观点，他认为造成精神疾病的主要原因，来自于潜意识中早期受到的心理创伤，他也以此观点开发出崭新的治疗方式：仅仅只是以谈话的形式，鼓励病人说出曾经受到的伤害或刺激，就能够使当时许多医学无能为力的精神症状痊愈。这个划时代的治疗方式，被称为"精神分析"或"心理分析"。（精神与心理只是"Psycho－"之不同中译名词，中文资料时常交替使用。）

名家逸事

弗洛伊德曾经说过自己读过的考古学书籍可能比心理学书籍还多。他多次前往雅典和罗马旅游。弗洛伊德对考古和精神分析的诠释如下：精神分析所运用的方式，其实与考古学家如出一辙，都是从断垣残壁中重建和再现建筑的轮廓和面貌。

冰山理论：探索深层的"潜意识"

弗洛伊德将人类的心灵比喻成冰山，平时我们所能够了解的自己，就像浮在海平面上的部分，只占冰山总体积的百分之二十，这一部分被称为"意识"，比如，"我喜欢猫多过喜欢狗"、"我擅长与陌生人打交道"、"我常常犹豫不决"，等等，这些我们能够清楚觉察到的自我喜好或特质，通通包含在意识层面中。

而我们所不熟悉甚至可能一无所知的自己，就有如潜藏在海平面之下的部分，占所有冰山的百分之八十，称为"潜意识"。潜意识的主要内容是那些不被我们承认的冲突与欲望，或我们不想接受的强烈负面经验，比如，在童年受到虐待的人，长大成人后可能完全不记得这些不堪的经历，这就是因为受虐的经验进入潜意识后，无法在意识层面被想起。

弗洛伊德认为，潜意识对人类的影响远大于意识，换句话说，以精神分析的观点来看，虽然每个人对自己都有一定程度的认识（意识层面），但我们通常不太清楚真正影响着我们的是什么东西（潜意识层面）。基于上述原因，精神分析也有另一个代名词——精神动力（Psychodynamic），意指精神分析是研究潜意识如何驱动人类行为的理论。根据弗洛伊德的说法，幼儿时期的经验大多进入潜意识被储存起来，而我们的人格在进入青春期前就已大致定型，是以古典精神分析相当重视童年时期的发展，特别是那些不愉悦的创伤经验。

精神分析最核心的假设是"**心理决定论**"（Psychic Determinism），也就是我们所有的行为、动作、语言的背后都隐藏着丰富的心理意涵，即使微不足道的小事如口误或迟到五分钟，都反映了我们潜意识的深层动机。比如说，一个在成长过程中不断被灌输自己没有价值的孩子，凭着努力一直有着优秀的学业表现，他在顶尖大学的博士班考试以第一名录取，然而在入学报到的当天，他完全忘了报到这回事，直到隔天才想起来，也因此无法入学就读。

精神分析的观点认为"遗忘"是有特殊意义的，它通常反映了某种潜意识的痛苦或冲突。上述的例子可能被精神分析取向的心理治疗师如此解读：由于在潜意识中，这个人深信自己不配得到如此高的成就，因而拿到博士学位这件事与其深层的自我概念相冲突，通过"遗忘"报到这件事，就能免除这种冲突的存在，这个看似扯后腿的心理运作，最主要的功能就是解决潜意识的冲突，使自我概念维持在稳定状态。

名家逸事

弗洛伊德提出了"恋父情结"的概念，此概念来自希腊神话中厄勒克特拉的故事，也就是俗称的"女儿是父亲上辈子的情人"的概念。事实上，弗洛伊德最宠爱的小女儿安娜·弗洛伊德，似乎也以人生实践了这项学说，不仅终身未嫁，还继承了父亲的衣钵，成为心理学家。

由本我、自我和超我构筑的人格理论

弗洛伊德为了使潜意识的概念更加完整，又进一步提出了著名的人格理论，他将人格比喻为一个有机的运作系统，其中包括三个主要部分：**本我**、**自我**和**超我**。这三个元素从童年时期开始就不断地交互作用，影响了我们日常生活里各式各样的想法、感觉或行动，以下分别进行说明。

本我（Id）：人格中最早发展也是最原始的部分，从我们还是新生儿的时候就可以观察得到，本我主要是由基本的生物本能所驱动，对本我来说最重要的事就是趋乐避苦，也就是追求可以带来愉悦感受的活动，并且逃避那些带来不舒服感受的事物。本我并不理会外在环境的现实状况，只关心如何满足需求，举例来说，如果没有父母的干涉，大部分的孩子可能会把糖果跟零食"吃到饱"，原因很简单，他们并不在乎蛀牙或是营养不足的问题，单纯就是为了喜欢吃而吃，这就是本我的运作方式。

自我（Ego）：随着逐渐长大，很快我们就会知道，人生不可能只凭着喜好来做选择，我们的需求与冲动也不会永远得到满足。自我的主要功能是想办法用环境可以允许的方式来满足本我的需求。比如，妈妈告诉孩子要先把讨厌的青椒吃完以后，才能够吃最喜欢的巧克力，于是孩子就学会，想要满足吃巧克力的欲望，就要遵守妈妈"先吃青椒"的游戏规则。这种以符合游戏规则的方式来满足需求，就是自我的主要任务。自我还有另外一个重要功能，就是当人格结构中的本我需求与超我发生冲突时，自我的功能就像调解委员会一般。接下来看看什么是超我。

超我（Superego）：当我们开始接触外在环境，通过父母或老师的奖励或惩罚，形成了各式各样的价值观，用来判断行为的是非对错，这个代表着我们内心道德良知的部分，就是"超我"。比如，孩子被老师告诫拿同学的东西是不对的行为，一旦这个规则被储存到人格结构的超我部分，往后当孩子看到同学的玩具很有趣，本我出现想把玩具拿来玩的冲动时，超我就像法官一样跳出来告诉孩子这是不对的，这会带来一种焦虑的不舒服感受，孩子就不会只凭着喜好做出冲动行为。

前面也曾提到，自我的另一个重要功能是调解本我与超我的冲突。以

这个例子来说，自我可能会提出可行的解决方案，比如，孩子可以用自己的玩具去跟同学交换新玩具，这么一来既满足了本我的需求，也不违反超我的道德规则。简而言之，本我依循欲望而运作，超我依循道德标准而运作，自我则扮演着顾问或调解员的角色，这三个部分就像我们人格里不同的政党，因为各自不同的政治立场时常产生冲突。一般而言，最理想的情况是朝野合作，国泰民安，这会使我们的人格系统运作良好，情绪稳定。

然而在某些人身上，本我成了执政党，他们的人格特质可能是以本我为中心，冲动、贪婪，为达目的不择手段，在监狱中的罪犯有不少属于此类人。在另一些人身上，则是超我独揽大权，他们的人格特质可能是情感压抑、神经质、焦虑不安，严重的话就发展为所谓的精神官能症。由此可见，运作良好的"自我"是健康的人格所不可或缺的。

古典精神分析的发展和争议

就许多层面的意义来说，弗洛伊德就是古典精神分析的代名词，连同时期著名的科学家爱因斯坦，都对这位大师推崇备至。弗洛伊德不但一手创建了核心观点，而且在有生之年也从不允许别人对其理论提出挑战或修正。然而这棵巨木终究还是开枝散叶为不同的思想体系，包括弗洛伊德亲生女儿在内，许多曾向弗洛伊德学习精神分析的心理学家，后来都提出了自己的新观点，包括荣格（Jung）、阿德勒（Adler）、霍妮（Horney）、苏利文（Sullivan）等人，他们被统称为"新精神分析学派"或"新弗洛伊德学派"。

精神分析的内容既深奥又迷人，然而其最常遭受的批评，就是其科学严谨性不足。精神分析的立论基础主要来自"个案研究法"，这代表被研究的样本可能是少数人，而这少数人几乎全是精神病患，因而以研究法的角度提出的挑战是，借由研究少数人所形成的理论是否能够适用于所有人？以及相似的，借由研究精神病患所得出的原理是否也能类推至正常人？虽然近代不乏学者以科学测量方式提出精神分析理论的证据，然而至今仍未找到令质疑者满意的解决方式。

（二）行为主义（Behaviorism）：改变人类行为的技术

若精神分析是异军突起的黑马，则行为主义完全可以以科学心理学的名门正派自居，在心理学发展史上，精神分析与行为主义的兴起时间巧合般接近，也同样对后世产生了广泛而深远的影响。然而因对人类的观点南辕北辙，双方阵营像平行线般对峙了百年，直至 20 世纪末才有心理学家尝试整合两者，鼓励其开始对话。

继承了实验心理学的血统，行为主义的理论核心确实是通过实验结果逐步建立起来的。然而就像有人讽刺精神分析是病态心理学（因为其是借由研究病人而来一样），行为主义也被质疑那些通过对猫、狗、老鼠所进行的实验，所得出的结果是否能应用于人类身上。所幸后续大量的研究结果证明了行为主义原理的适用性异常广泛，包含了简单如变形虫的单细胞生物，到复杂如人类这样的高等生物，都无法脱离行为主义所提出的原理、原则。

著名的心理学家华生（John B. Watson）于一九一三年，在一篇重要的行为主义宣言中提到："就行为主义者而言，心理学完全是一门客观实验性的自然科学，它的理论目标就是对于行为的预测及控制。"这段话清楚地描绘出行为主义的早期定位，他们关心的是可被客观记录与观察的外显行为，试着找出这些行为的背后原理，并以这些原理来改变人们的行为，这无疑就是自然科学的最主要目标："**解释**""**预测**"与"**控制**"。

身为行为主义的创始人，华生名留青史的言论莫过于："给我一打健全的婴儿……从中随机选出一个，我保证能将其训练成任何类型的人物——医师、律师、艺术家、富商、乞丐或窃贼，不用考虑他的天赋、倾向、能力……"由此可见，行为主义认为后天学习的影响远超过先天的遗传特性，

心理学小词典

黑盒子：早期行为主义因为人类意识过于复杂，难以用科学方式研究，于是略带讽刺意味地用"黑盒子"来形容内在心理状态，意指里面乌漆墨黑，没人看得清楚里头发生什么事，只能各说各话。

若精神分析的假设是心理决定论,行为主义则可以说是环境决定论。

就当时的时代氛围而言,行为主义将心理学带向近乎纯科学的领域,他们对弗洛伊德所提出来的那一套心理决定论嗤之以鼻,认为人类行为只不过是经由大大小小的学习累积起来的惯性,所谓的心灵或潜意识丝毫没有研究的价值。早期行为主义甚至将意识称为"黑盒子",并反对浪费时间研究那些不知所云的人类内在意识,这种鲜明的风格也使早期的行为心理学者被称为"激进行为主义"(Radical Behaviorism),后期则转变为较有弹性与折中。

🍀 制约反应:将偶然化为必然

行为主义学习理论中最重要的概念之一是"制约"(Conditioning),由俄国生理学家巴甫洛夫(Ivan Pavlov)提出。他做了一个名为"巴甫洛夫的狗"的经典实验,以狗为实验对象,在每次喂食狗的时候,就同时伴随着铃声,如此重复数次后,狗只要一听到铃声就会开始分泌唾液,就算没有食物出现也一样。一般的狗听到铃声并不会流口水,因此这种刺激(铃声)与反应(流口水)的特殊联结是通过实验学习而来的,巴甫洛夫分别以"制约刺激"与"制约反射"来称呼这种配对学习关系。

另一个著名的制约学习例子,是由华生所进行的"小艾伯特实验"。艾伯特是个年仅九个月大的婴儿。最初艾伯特与一只小白鼠共处时,并没有特别的情感反应,而后每当小白鼠出现在艾伯特面前时,实验者就以锤子敲击出巨大的声响,艾伯特因此受到惊吓而害怕,重复几次之后,艾伯特就开始对小白鼠产生害怕的反应,最后一见小白鼠就哭,换句话说,艾伯特对原本并不害怕的老鼠产生了恐惧制约反应,在这个例子中,"老鼠"是"制约刺激","害怕"则是"制约反应"。

不只如此,后续观察发现,艾伯特的恐惧制约举一反三到许多相似的物品,比如毛绒绒的小白兔与狗都能使艾伯特感到害怕,这个专有名词称为"**类化**",就如同俗谚所说的"一朝被蛇咬,十年怕草绳",就是我们把对蛇的恐惧类化到外形相似的绳索上。以今日的标准衡量,小艾伯特实验无疑违反了人道精神与研究伦理,因为华生在研究结束后,也没有把强加在婴儿心理上的恐惧制约消除，然而这个实验非常清楚地向世人展示，学习的结果未必都是正面的，它也能让我们对一点都不值得害怕的事物产生强烈的恐惧。

我们仔细观察就可以发现，制约反应的确是生活中无所不在的现象：某个品牌的咖啡杯在手，会让人觉得自己是有品位的知识中产阶级；当股市大盘的数字变化，心情也随之高高低低……这些无一不是制约学习的表现。有趣的是，华生在离开学术界后转而投入广告界，他的成就之一是让妈妈们"学到"每次换尿布后替婴儿撒上爽身粉是多么重要的事情，借以给爽身粉制造商创造了庞大商机。我们再次看到简单的行为学原理在大师手中变得多么不可思议。

增强：赞美和处罚如何影响我们的行为

行为主义的另一个重要概念是"**增强**"（Reinforcement），或称为"**强化**"。一个六岁的男孩在妹妹哭泣时拥抱她，因此受到父母的称赞，往后男孩可能经常出现安慰别人的行为。这个例子中，父母的称赞作为"增强物"，强化了男孩的安慰行为。相似的例子时常在百货公司的玩具部上演，当父母屈服于众人的异样眼光，勉为其难地为在地上打滚哭闹的孩子买了他想要的玩具，我们就能推测往后类似剧目重复演出的概率会很高，因为玩具增强了孩子的哭闹行为。

多数亚洲文化比较熟悉的是与增强相反的概念，那就是每个人都曾经历过的"**处罚**"。增强与处罚同样都能改变行为，区别是**增强能够使行为出现的概率增加，处罚则意在减少行为的出现**，为人师长或父母的都清楚这种难处，处罚对于消除孩子不当行为的效果远优于正向管教，然而在目前教育氛围下，执行惩罚管教往往动辄得咎，对此是否有比较折中的做法呢？

心理学的行为改变技术中，又将处罚分为正、负两种，"**正处罚**"是给予不喜欢的刺激（责骂、体罚），"**负处罚**"则是剥夺喜欢的事物（**不准上网、不准喝可乐**）。负处罚的优点包括：孩子的不舒服通常比接受正处罚轻微而间接，除了矫正不良行为之外，还能慢慢训练孩子的冲动控制能力。当然负处罚在使用上的要求相对较高，若无法投其所好，剥夺起来不痛不痒，自然效果不明显，而要找到孩子真正在意的东西，往往比直接训斥要困难得多，所以在使用上需要更多的心思与智慧。

以习惯用哭闹方式来满足需求的儿童为例，如果孩子有这样的状况，就要事先衡量状况来告知规则，比如对六岁以上的儿童可以说："等一下我们要去逛你喜欢的玩具部，现在时间是四点，如果你乖乖听话可以玩三十分钟，也就是手表的长针走到六的时候，可是如果你吵着要买玩具，或是时间到了赖着不走的话，我们就马上回家，而且晚上也不可以看游戏王的动画片。"这些规则在跟孩子讨论的时候可以有些弹性，一旦确定孩子懂了之后，就请他答应遵守规则。

规则定好后，行为心理学家对于父母的建议，就是知易行难的"坚持"两字。假若孩子的确出现了吵闹或赖皮的行为，不论父母心软买玩具还是延长时间都是一种"增强物"，因此处理方式就是按照先前所说的立即离开，避免强化不当行为；晚上剥夺看动画片的权利，则是"负处罚"。当然，如果孩子遵守约定，也不要忘了好好称赞一番，才能强化孩子的良好行为。对详细操作技巧有兴趣的读者，可自行参考行为改变技术的专门书籍。

行为主义的拿手好戏自然是改变行为，由于能够准确预测与有效控制，今日各式各样的技术已被系统化地应用到教育、辅导、临床、司法、工商等领域，特别是在教育界中，行为主义的影响力远远超过精神分析。

行为主义科学化逻辑实证观点的代价，是要蒙受"去人性化"的批评，

心理学小词典

行为主义学者斯金纳同时是发明家，他的母亲对他要求严格，即使睡衣没挂好，也会受到责骂。为了适应管教，他设计了由衣钩、滑轮和木牌组成的装置，只要睡衣没挂在衣钩上，写着"挂好你的睡衣的木牌"就会落下。观察他的青少年之作，不难理解，他为何能设计出著名的斯金纳箱。

毕竟，若所有人类行为都能化约成一连串制约、增强、惩罚的形塑结果时，似乎很难说明人类与动物有什么本质上的差异，而所谓的爱、自由意志、尊严等高贵情操，也找不到立足之地了，这直接带来了下一股反动思潮——"人本主义"。

（三）人本主义（Humanism）：从心理治疗开始

人本主义大约在二十世纪五十年代崛起，很大一部分原因是针对精神分析与行为主义两者的反思。人本主义也被称为心理学的第三大势力，其灵魂人物卡尔·罗杰斯（Carl Rogers），就如同弗洛伊德之于精神分析，罗杰斯可以说是人本主义的代名词。人本主义抛弃行为学派所倚重的逻辑实证主义，深受存在主义与现象学影响，罗杰斯的贡献在于将哲学概念转换成一门系统性的心理治疗方法。他既是理论的发展者，也是人本运动的倡导者。

以"人"为本的以来访者为中心治疗法

从罗杰斯式治疗法的名称，可看出其命题与前面两大势力的不同。最早卡尔·罗杰斯宣称自己使用的是"非指导性"（Nondirective）治疗，随后改为"以来访者为中心"（Client-centered）治疗，晚期则称为"个人中心"（Person-centered）治疗。姑且不论他为何一再斟酌推敲这些字眼，但看这些名称也能明白其暗示着其他治疗取向可能是"指导性"或"治疗师中心"的，当然，并非所有心理学家都同意这种说法。

以来访者为中心治疗的重点放在我们身而为人的重要价值上，它相信人类生命的本能是朝着有意义的方向发展，因而心理治疗是在开发与释放个体本来就具有的能力，而非对人格做专业的操纵。罗杰斯反对精神分析的病理观点，拒绝行为主义的预测控制，他对每个个体的成长潜能都极具信心，认为人人都有为自己选择与负责的自由意志，如此正向与热情的态度使人很难不为其动容。

罗杰斯认为治疗产生效果的关键，是治疗师能否提供一个温暖、安全、接纳的治疗关系；换言之，治疗师的角色是提供充足的阳光、空气、水等外在条件，让来访者内在的种子有机会发芽成长。罗杰斯指出，以来访者为中心取向的治疗师最重要的特征有三项，分别是"同理心"（Empathy）、真诚一致（Congruence）、"无条件的正向关怀"（Unconditional Positive Regard）。

"**同理心**"：治疗师放下自己先入为主的判断，尝试站在来访者的角度，以对方的方式看世界，并尽可能理解来访者的想法、贴近来访者的感受。这样的努力能传达出一种建立治疗关系的意图，使来访者感到自己正在被理解，这通常能带来某种安心与抚慰。同理心并不意味着抛弃客观性去完全认同对方，它是一种愿意尝试了解他人的态度，一种"**我的观点并不凌驾于你**"的尊重。

"**真诚一致**"：治疗师无须隐藏在专业或冷静的面具之后，也就是不刻意隐藏或压抑其想法或感受，罗杰斯认为这种诚实不矫作的态度，能让来访者认识到在他眼前的治疗师是一个"真正的人"，这能产生安全与信任的感受，而使来访者同样在互动中敢于展现自己的真实面貌。

"**无条件的正向关怀**"：我们只有表现出特定的样子，才能够从真实世界的关系中得到关怀，不论是父母、伴侣还是朋友，这些关系所提供的接纳都是有附带条件的，只是多寡与否的差别，这称为有条件的正向关怀。罗杰斯认为治疗师必须搁置价值判断与偏见，不论来访者的姿态是顽固、懒散还是愤怒，治疗师都对来访者保持接纳与关怀的态度，这种氛围有助于来访者逐渐放下过往所习得的种种防卫，作为一个完整的人开始成长。

以来访者为中心治疗法的理念，同时带来了困惑与挑战，对于治疗师而言，要达到上述三个特质远比初学乍看时困难得多，虽然这些特质多少能够经由训练来帮助学习，然而它们本质上并非一种技术，而是一种态度。所谓技术易学而态度难仿，想要成为一名成熟的以来访者为中心的治疗师，不断地自我辩证与整合是一个必要的过程。另外，许多以来访者为中心的治疗师认为评估与诊断将破坏治疗关系，并弱化个人成长的潜能。这个理念对于受过良好教育、只有轻微困扰的族群或许没有问题，因为以来访者为中心治疗法正是在大学校园中茁壮成长起来的，但许多质疑的声音来自医疗模式与特殊教育体系：完全放弃评估与诊断是否真能更有助于来访者？我们是否选择信任那些带着智能不足或特殊疾病标签的个体也都具有同样的发展潜能？自发性的改变必然会发生吗？需要多长时间呢？这些都是值得讨论的议题。

除了以来访者为中心治疗法之外，人本主义运动也有许多分支思想，例如，"**存在治疗**"（Existential Therapy）、"**意义治疗**"（Logo Therapy）、"**完形治疗**"（Gestalt Therapy）等。虽然现今很少有治疗师会宣称自己是纯粹的人本主义取向，然而这并不代表着人本主义的式微；相反地，它在一个更为根本的层面上对心理治疗领域产生了长远的影响，人本主义提醒了每一位治疗师，治疗关系对于任何一种心理治疗取向都是重要的，而在病理与问题的框架之外，人类永远能在当下为自己抉择、负责，并且不断地变化成长。

人本主义似乎很难令人将之与科学联想在一起，因为其现象学的哲学背景隐含着反对"**还原主义**"（Reductionism）的因子，而这正是自然科学所倚重的。令人意外的是，罗杰斯本人相当热衷于研究，实际上他是研究心理治疗历程的先驱者，他率先以录音与录像的形式来研究治疗过程的有效性，并建立了能够显示来访者好转的指标。然而除了罗杰斯，多数人本主义的治疗师都没有在研究上投入太多心力。

> **心理学小词典**
>
> 还原主义：一种科学研究取向，意指任何复杂的系统、事物、现象，都可以通过将其拆解为更小的单位再行组合的方法，加以理解和描述。此取向之优点是能以简驭繁，但也有见树不见林的局限性。

（四）认知典范（Cognitive Paradigm）：科学心理学的再次复兴

正当人本主义思潮开始在美国盛行不久，一门以科学研究取向为主的心理学正酝酿成形，这可以说是行为主义学派主宰美国学界四十多年后，科学心理学的再次复兴。这次复兴开始于一位任教于普林斯顿大学的心理学家乔治·米勒（George Miller）的揭竿起义。他挑战了长久以来心理学界的禁忌领域——人类意识，也就是行为主义者所称的"黑盒子"。随后，越来越多的心理学家放弃了老鼠迷宫与鸽子压杆等动物实验，转而研究人类高等心智历程，这场典范转移的思潮称为"认知革命"，孕育出认知心理学，并席卷了大半个心理学领域。

心智如何运作：从计算机发现人脑的运作模式

受到当时信息科学领域迅速发展的影响，认知心理学初期主要在两方面得益于信息科学。其一，心理学家借由信息处理的概念，开始揭开行为主义的黑盒子，将人类意识类比为信息处理系统的思维，开启了前所未闻的大量研究；其二，一九七一年个人计算机问世后，心理实验法如虎添翼般达到前所未有的高峰，有了计算机系统的协助，以往受限于测量技术的困难研究都被赋予了可行性，正如荣获诺贝尔经济学奖与国际人工智能协会终身荣誉奖的心理学家赫伯特·西蒙（Herbert A. Simon）所言："计算机对于心理学的重要程度，不亚于显微镜对生物学的重要程度。"

认知心理学这个名称正式诞生于一九六七年，当时康乃尔大学的心理学者乌尔里克·奈瑟（Ulric Neisser）出版了同名书籍，他将认知心理学定义为一门**"知识如何被人类学习、组织、储存与运用的学问"**。后来学者对于奈瑟的见解并没有太多异议，只是偶尔把"知识"改为"信息"，因而认知心理学的基本架构就是信息处理模式（Information Processing Model）：将人类视为主动的信息处理者，把整个处理历程分为不同阶段，再去细化研究每个阶段，这个研究取向显示认知心理学大半是建构在还原主义的基础上。

神经科学的发现：生理如何改变我们的行为

到了二十世纪八十年代之后，认知心理学发展的路线开始产生微妙的变化，一方面认知典范的研究方式广泛地被其他心理学领域借鉴；另一方面其轨迹则开始与"神经科学"（Neuroscience）交织在一起。

神经科学本身具有悠久的历史，早在一八六一年，法国神经科学家保尔·布罗卡（Paul Broca）就报告了一个脑损伤病人的案例。他发现在左脑额叶特定区域的受损造成了失语症,病人能够听懂话语却无法表达,只能重复发出"tan"的单音,因此他推论这个区域与语言表达能力有关,这个大脑区域后来就命名为布罗卡区。

布罗卡的发现开启了"脑区域定位"的研究,如果有"语言区"的存在,理论上也应有其他大脑区域负责不同的功能,像是"记忆区"或"情感区",于是神经科学家开始致力于将心智功能"定位"在大脑特定区块。然而受限于仪器与技术,十九世纪主要的研究方法是先观察脑伤病人有哪些功能受损,等待脑伤病人去世后进行解剖,看看大脑受伤的组织在什么位置,再推论受伤的地方可能跟他受损的功能有关。曾有人打趣说,神经科学家是通过无数人的中风来累积大脑功能知识,这在那个年代确有它的真实性。

另一个神经科学史上著名的病人亨利(Henry M.),患有严重的癫痫症状(一种脑部异常放电的疾病)。亨利于二十七岁那年决定接受手术治疗,一九五三年的医学已经发展到足以进行脑部外科手术,然而对于脑构造与心智功能紧密关联的理解,在当时仍相当有限。主治医师将亨利脑中一个名为"海马回"的构造切除了三分之二,成功地改善了他的癫痫症状,然而更大的问题是,亨利从此患上严重的失忆症,终其一生,他的记忆都停留在手术前的三四天。

我们现在已经知道,海马回的重要功能是把新事物转换成记忆储存在脑中,在失智症患者的脑部就常发现海马回的损伤。亨利的失忆症状是几乎无法记得任何新信息(称为顺行性遗忘),不但无法记得自己早餐吃了什么,就连研究他长达四十年的心理学家,转身又成了陌生人。更戏剧化的是亨利逐渐不认得镜中随着年岁增长而改变的自己,因为他只记得自己二十七岁时的样子。若读者觉得这样的案例有趣,二○○四年有部精彩的电影《初恋50次》(*50 First Dates*),就是以顺行性遗忘症为创作灵感,值得一看。

通过神经科学的知识,我们知道人类的意识或心智功能确实筑基于大脑的生理系统中,若将脑伤者比喻为计算机,就如同大脑这个硬件损坏了,心智的软件必然无法顺利运作。随着脑造影技术的问世,让我们能直接"看见"活着的大脑,这种划时代技术的普及,吸引了众多认知心理学家纷纷投入大脑与认知功能的关联性研究。时至今日，心理学家能够要求受试者进行某些活动，并同时监测他们的大脑哪些区域正在活动。

在心理学发展的认知典范架构下，新的融合领域就此成形，称为"认知神经心理学"或"认知神经科学"，旨在阐述心理历程的神经机制。目前许多不同背景的学者投入这个新兴领域，除了心理学家，还包括临床医学、医学影像、神经科学、信息工程等专家。

认知典范已被公认为是目前的主流，它将心理学的科学化运动推向了极致，然而批评的声音仍旧存在，其中最直观的也许是：如果"认知神经科学"在字面上已经没有心理学的踪影，那它还属于心理学吗？再者，极端强调科学的实证取向与主题，也引来与行为主义类似的"去人性化"质疑。然而不可否认的是，作为一个基础学科，认知心理学贡献出前所未有的科学基础，许多心理学领域受益于此，从而实现了理论与应用上的突破。

名家逸事

著名的儿童心理学家皮亚杰早慧，中学时代就曾撰写许多软体动物的论文，并以软体动物学家的身份出现在杂志上。当他的真实年龄为人所知时，部分杂志拒绝再刊载他的文章。他亦师亦友的博物馆馆长朋友幽默地回应道："年龄竟然成了发表的标准，看来他们没有别的衡量标准了。"

3分钟心理学回顾

1. 人类上古文明遗迹或著作中，均可找到心理学的蛛丝马迹，包括古印度、古埃及、古中国与古希腊，当时的古希腊人从哲学的角度，为人类的心灵活动提出解释。

2. 苏格拉底的辩证法除了影响后世心理学的研究方向之外，也被目前主流的认知心理治疗学派作为重要的治疗技巧。

3. 苏格拉底指出"意识"或"灵魂"是独立于肉体的不灭存在，奠定了后世"身心二元论"的观点。

4. 柏拉图曾提出人的灵魂如同一辆两头马车，分别为"精神"和"欲望"，这两者由"理智"驾驭，这和弗洛伊德的人格理论——超我、本我及自我的概念不谋而合。

5. 亚里士多德提出心灵的本质是人类在思考过程中所采取的步骤。

6. 笛卡尔再度确立人类分成具有意识的灵魂和身体两部分的身心二元论，而灵魂的意志通过松果体来使肉身执行。

7. 一八七九年，德国出现第一个心理学专门实验室，使心理学逐渐成为一门独立的学科。

8. 精神分析的理论基础主要来自"个案研究法"，核心假设为心理决定论，注重潜意识，也就是人类所有的行为、动作、语言的背后都隐藏着丰富的心理意涵。

9. 行为主义学派认为心理学是一门客观实验性的自然科学，目标就是对于行为的预测及控制。

10. 人本主义学派将哲学概念转换成一门系统性的心理治疗方法的科学，相信生命本能会朝向有意义的方向发展，心理治疗的功能在于开发与释放个体本来就具有的能力。

11. 认知学派将人类意识类比为信息处理系统，开启大量研究，并使用大量的心理实验法，他们认为心理学为信息如何被人类学习、组织、储存与运用的学问。

Day 2
心理学语录

我比别人懂得多的,就是知道自己一无所知。——苏格拉底

最有效的教育方法不是告诉人们答案,而是向他们提问。——苏格拉底

孩子怕黑暗情有可原,人生真正的悲剧是成人怕光明。——柏拉图

怀疑是智慧的源头。——笛卡尔

解剖学决定了我们的命运。——弗洛伊德

对自己完全诚实是很好的锻炼。——弗洛伊德

心理症发病并不意味着自我的弃绝,相反的,它是一种心灵借以保护自我的方式。——弗洛伊德

顺口说出的话才是本来想说的话。——弗洛伊德

本我过去在哪里,自我就应在哪里。但终究追寻的是超我的理想境界。——弗洛伊德

性本能是生的愿望的体现。——弗洛伊德

任何形式的成瘾均非好事,沉迷于酒精、吗啡或理想主义都一样。——荣格

大多数的行为其实都是本能与习惯相结合的产物。——华生

所有智力方面的工作,都要仰赖于兴趣。——皮亚杰

我们应该教的不是伟大的著作,而是对阅读的热爱。——斯金纳

失败不见得是错误,也许只是一个人在既有条件下尽了本分的结果,真正的错误是停止尝试。——斯金纳

好的人生,是一个过程,而不是一个状态;它是一个方向,而不是终点。——罗杰斯

"自我"是由"自我经验"转化而来的,所以了解"自我"必须了解"自我经验"。——罗杰斯

未曾活过的人生并不值得检验。——柯普

人必须爬上行动的梯子,才能看到对岸的自己。——贝姆

DAY 3
第三章 心理学的重要学者与理论

上一章已经依历史发展顺序介绍了当代心理学的重要流派，接下来我们试图精选几位古往今来的心理学大师，来彰显心理学世界的丰富内涵。这些大师每一位都有其独特的心灵地图，提供了剖析人性现象的多样视角，而通过心理学家的生平轶事，我们将更容易了解其思维如何产生，以及其理论的真正内涵。

从理论出发：心理学大师的重要观点

荣格（Carl G. Jung）： 走入集体潜意识

荣格

卡尔·荣格（Carl G. Jung，1875—1961年），瑞士心理学家。1907年开始与西格蒙德·弗洛伊德合作，发展及推广精神分析学说长达六年，之后与弗洛伊德理念不和，分道扬镳，创立了荣格人格分析心理学理论，提出"情结"的概念，主张把人格分为内倾和外倾两种类型，提出人格包括意识、个人潜意识和集体潜意识三个层次。曾任国际心理分析学会会长、国际心理治疗协会主席等职，创立了荣格心理学院。1961年6月6日逝于瑞士。他的理论和思想至今仍对心理学研究产生深远影响。

据说荣格首次与弗洛伊德会面时，两人不眠不休地聊了三十个小时，而后荣格还被弗洛伊德选为第一届心理分析协会会长，足见当时他们对彼此的敬重与欣赏，也许两人都料想不到这段亦师亦友的关系会高开低走，只维持十年即告破裂。有意思的是，这两位精神分析代表人物之间的爱恨情仇，正巧可以用精神分析的观点来讨论。

精神分析中一个颇受争议的核心理论称为"俄狄浦斯情结"（Oedipus Complex），主要源自希腊神话中俄狄浦斯王子弑父娶母的故事，所以也被称为"恋母情结"。根据弗洛伊德的说法，男性在幼年时期会不由自主地对母亲产生爱慕之情，并对其父亲产生嫉妒与恨意，尝试与父亲竞争来赢得母亲的爱。若男性在他的人格发展过程中没有解决俄狄浦斯情结，将会使他对具有权威形象的人物抱有敌意。在20世纪初保守的维多利亚时代，这个论点引发了激烈的抨击言论。

荣格生于一个传统基督教家庭，却很早就对身为牧师的父亲彻底失望，这样的成长背景埋下了他往后转向东方文化寻求灵性发展的种子。聪颖而权威的弗洛伊德的确在某种程度上满足了荣格对于父亲形象渴求的投射，然而从最初两人一见如故，到开始因为观点不同而争论，弗洛伊德曾表示荣格具有俄狄浦斯情结，意图要毁掉象征父亲的弗洛伊德本人，夺取象征母亲的精神分析。

弗洛伊德在一次分析完荣格的梦境后，却拒绝让荣格分析自己的梦，理由是"不能冒着伤害他权威的危险"，这种不对等的态度让荣格再次对父性权威失望，他说道：当他（弗洛伊德）这么说时，就已经丧失他的权威了。

名家逸事

弗洛伊德著名学说之一"俄狄浦斯情结"，在某种程度上和其自身的经历有关，弗洛伊德和父亲关系不睦，因此他对旅行充满了狂热，他曾说，旅行的乐趣来自童年愿望的实现，而根源来自对家庭的不满。对他而言，旅行代表着自由，也是脱离父亲的象征。

这次事件使两人关系正式决裂，荣格离开精神分析的领域，很长一段时间陷入事业的低谷，随后荣格就开始走自己的道路，如果弗洛伊德的理论代表父性权威的阳性思想，荣格则一头栽进了直觉与灵性的阴性领域。

（一）荣格心理学的核心：原型

荣格的思想脱胎于精神分析的框架，丰富了潜意识概念的内涵，他从治疗病人的经验中发现，在我们潜意识之下还存在着更为深层的结构，他将其命名为"集体潜意识"（Collective Unconscious），用以与个体潜意识进行区别。个体潜意识的主要内容为成长过程中不被认可或遭到压抑的经验（如俄狄浦斯情结），而集体潜意识则是遥远的祖先或共同文化所留下的经验刻痕，是人类心灵底层普遍存在的结构，因而比个体潜意识更为深邃、更难以触及。

荣格将个体潜意识比喻为海面上不同的岛屿，表面上彼此独立的群岛，终究在海平面下相互连接，而在海底深处承载着不同岛屿的广阔地壳，就是所谓的集体潜意识（在弗洛伊德的冰山模型中，则没有这种看似分离实则相连的意涵），集体潜意识的理论受到东西方宗教中的合一思想的启发（即宇宙万物皆彼此联结），荣格也从神话学中汲取养分，进一步描述集体潜意识的内容——"**原型**"（Archetypes）。

原型是一种高度抽象的精神概念，代表人类与生俱来的表现某种形象的驱力，荣格讨论过各式各样的原型，其中母亲原型就相当普遍，每个人都会在生命某个阶段或多或少扮演着母亲角色，不论是成为实际生儿育女的母亲，还是象征性的照顾者（儿童照顾娃娃或宠物）。虽然同样受到集体潜意识中母亲原型的驱动，每个个体仍会依其经验形成独特的母亲角色，因而可以说原型是某种概括性的发展方向或潜能。著名的原型还有阿尼玛（Anima，男性潜意识中的女性形象）与阿尼姆斯（Animus，女性潜意识中的男性形象），让我们一见倾心的对象通常是符合自己内在的阿尼玛或阿尼姆斯，因为我们找到了自己的"另一半"。

（二）人前人后两个样："面具"和"阴影"

荣格最为出色的思想之一，也常见于心理治疗及灵性成长领域的，是关于"人格面具"（Persona）与"阴影"（Shadow）的论述。人格面具是我们为了生存目的，去扮演符合外在价值标准的样貌，例如"优秀的员工""孝顺的子女""宽容的伴侣"等等。适应良好的个体，懂得在不同场合戴上恰当的面具，见人说人话，见鬼说鬼话。比较麻烦的情况是过度认同某个面具，或错将面具当成自己的本来面目，这会导致缺乏弹性的僵化角色，例如，过度认同"优秀的员工"可能会使人成为工作狂，牺牲家庭生活与自己休息的时间。

阴影近似于一般所说的人性黑暗面，也就是内心不符合社会习俗或道德观的部分。荣格描述道："人格面具和阴影……一个站在公众面前，一个躲在旁边隐藏着。他们正好是彼此的对立面，但又亲近得像双胞胎一样。"

阴影人皆有之，表面上看起来越是光明正面的人，背后隐藏的黑暗面往往越巨大。当个体越努力去符合社会或关系中的期待（人格面具），就有越多真实的自我无法被接纳（阴影），被封印在内心的潘多拉盒里（潜意识）。

荣格说："因为阴影在潜意识中无法被自我直接经验觉察，所以被投射到他人身上。防卫性的自我能坚持自我正义的感觉，并将自己化身为无辜的受害者……别人是邪恶的怪兽，而自我觉得像是无辜的羔羊。"

例如，一个过度认同"孝顺子女"面具的人，可能会牺牲自己的生活，把照顾父母的责任揽在自己身上，等到精疲力竭之时，才开始指责其他兄弟姐妹没有尽到做子女的义务，抱怨自己是全世界唯一在乎父母的人。

上述例子也可以用理解"投射"这个精神分析概念，个体拒绝接受自己内在有"不孝顺与不愿负责"的阴影特质，这通常是在成长过程中因害怕处罚而将阴影特质压抑至潜意识层面。若将阴影特质投射至他人身上，则会产生"阴影不是我所拥有"的错觉，降低面对自我黑暗面的焦虑感，并保有自我概念的稳定性。我们文化中也有"指着别人时，其实有三根手指头指向自己"的说法，这近似于投射的概念。

阴影是无法消除的，虽然我们都极力这么做，但是光与影必然一同存在。无视内在阴影虽然能带来"君子坦荡荡"的安全感，但所付出的代价是带着不完整的自我存活，并时常在生活中经历或创造出愤怒与无力感。荣格认为我们应该暂且放下让自我感觉良好的安全感，勇于向阴影敞开胸怀，一旦阴影能够被个体直接觉察到，就有机会整合看似矛盾的人格面具与阴影，进而超越两者之二元对立，这即是使自我趋于完整的心灵炼金术，荣格称其为"个体化"（Individuation）或"自我真实化"（Self Realization）。

如果想要走上自我真实化的道路，我们必须愿意停止将阴影投射至外在世界，如同收回那指着别人的手指后，我们得以握拳重获力量，去面对黑暗的不堪与煎熬。以"孝顺子女面具"的受害者为例，自我真实化意味着理解到真正困住自己的是内在僵化的道德标准（特征是将其视为不可动摇的真理），而其阴影本质就是自己想要放松休息的需求，只不过被意识从道德批判的角度视为洪水猛兽，如果这番理解足够深刻，就能从无力的受害者角色中解脱出来，重新在照顾父母与照顾自我中取得平衡。

> **心理学小词典**
>
> 投射作用：一种心理防卫机制，将自我的想法、情感、特质套用在外在人、事、物上，借此与其保持距离，以降低焦虑感受。喜爱挑剔的人往往最不能接受的是自己的不完美，佛教故事中苏东坡讥讽佛印禅师为牛粪亦是一例。

（三）不只是心理学：充满神秘学色彩的超心理学

除了精神分析之外，以现在的语言来说，荣格具有所谓的"灵媒体质"。荣格早年就对神秘学有莫大的兴趣，在他写给弗洛伊德的信中，表达了他对占星学的热衷，并表示"占星学是了解神秘学不可或缺的工具"。荣格曾定期参加遭恶灵附身的堂妹的降灵会，并将其作为博士论文的内容素材。他也事无巨细地描述自己在一家廉价别墅内的多次灵异体验，包括闻到、听到，当然也看到了不寻常的事物。在荣格的传记中，还不乏心灵感应、同时性的巧合等难以用科学解释的资料，足见那些隐藏在一般知觉层面背后的神秘领域，对荣格始终有难以言喻的吸引力。

荣格毕生致力于宗教与灵性的研究，广泛涉猎印度教、诺斯底教派、中国道教、藏传佛教、禅宗、西方炼金术等等，既可融会贯通又能成一家之言，因而被公认是大师级的学者。虽然荣格早期是精神分析训练出身，但通过史料不难发现灵性与意识转化才是他的终身志业，后世一般将荣格思想归属于"超心理学"（Parapsychology）与"超个人心理学"（Transpersonal Psychology）的领域。

心理学小词典

"超心理学"研究一系列被称为"超自然"的现象，研究一般在实验室或日常生活中进行，内容主要包括濒死体验、轮回、脱体经验、传心术、预言、遥视和意念力。

埃里克森（Erik H. Erikson）：自我认同的追寻

在介绍这位心理学家之前，可以先聊聊关于他的轶事，若对英文姓名较为熟悉的读者，可能发现埃里克森的全名是相当特别的，因为依照英文的命名规则，若姓氏是以"-son"结尾的，语义就是"某某人之子"，因此Erik-son 就是艾瑞克之子的意思，Erikson 并非罕见的姓氏，但偏偏他的名字又叫作 Erik，就难免有点搞不清楚到底谁是爸爸、谁是儿子了。

绕了一大圈，当然其中必有故事，取了这么个奇特的名字，不是别人，正是埃里克森自己。埃里克森原名 Erik Homburger，父母都是丹麦人，后来移居德国，双亲离异后母亲改嫁给一位犹太籍医师，埃里克森于是就在犹太教的家庭中成长。如此复杂的血统背景让埃里克森不胜其扰，当他就读于犹

埃里克森

米尔顿·埃里克森（Dr.Milton H. Erickson, 1901—1980 年）被誉为"现代催眠之父"，是医疗催眠、家庭治疗及短期策略心理治疗（Brief Strategic Psychotherapy）的顶尖权威。

太教学校时，其金发碧眼的白人外貌常被同学视为异类而遭到嘲笑，好不容易上了中学后，却又因犹太籍的身份而被排挤。这样的成长经历让自我认同成了埃里克森的生命课题，在他三十七岁到了美国后，就在姓名后加上了Erikson，等于舍弃原本姓氏，成了自己的儿子，真正"自立门户"。

埃里克森受过精神分析训练，很长一段时间在美国做儿童心理治疗工作。在弗洛伊德的理论中，儿童早期需要经过几个重要阶段，才能发展出健全的人格，称为"性心理发展"（Psychosexual Development），包括常见于文本的"口腔期"（Oral Stage）、"肛门期"（Anal Stage）等；弗洛伊德认为不同时期的孩童借由不同器官来满足其"性欲"。再一次的，这位惊世骇俗的大师挑战了当时社会道德的底线，然而性心理发展理论也是最受质疑的，后来许多新精神分析学派都不再如此强调性驱力对个体发展的重要性。

埃里克森受到性心理发展的启发，他接受个体在发展过程有阶段性的关键任务，但他不认为性欲是发展的主要因素，也反对弗洛伊德只强调童年阶段的观点。埃里克森以更贴近人类直觉经验的方式重新阐述发展阶段，并将发展拓宽至成人与老年，形成了最著名的学说"社会心理发展"（Psychosocial Development）。如字面所示，埃里克森将"性"替换为"社会"，以强调个体发展过程中人与社会互动的重要性。

> **名家逸事**
>
> 弗洛伊德的学说假设每个婴儿都会经历口腔期，而爱抽烟的人可能是因为在婴儿时期未能充分地吸吮母乳，所以长大之后为了弥补缺憾，而以吸烟的方式来满足欲望。有趣的是，他自己就是不折不扣的大烟枪，从二十四岁开始抽烟，平均每天要抽二十根雪茄。

（一）从出生到死亡：人生的八个阶段

埃里克森根据自己多年来的临床实践，将人生分为八个阶段，每个阶段都有一个独特的发展任务。埃里克森指出，完成某个阶段的任务能使人顺利向下一个阶段发展，倘若无法完成任务则会面临所谓的"**发展危机**"（Developmental Crisis）。

🌿 **第一阶段**：0~1 岁的婴儿期。这个阶段的任务是发展出对外在环境的信任，而其对应的发展危机则是缺乏安全感，容易对新环境或陌生人感到焦虑。

🌿 **第二阶段**：2~3 岁的幼儿期。这个阶段的任务是发展出自律的能力，学会遵守大人定下的基本规矩（例如，只能在特定场所如厕），未完成任务会对自我缺乏信心或过度害羞。

🌿 **第三阶段**：4~6 岁的儿童期。这个阶段智力与动作都有初步的发展，任务是学会自发地，借着表达想完成某事的意愿学习责任感（例如，想要像哥哥一样会弹钢琴，主动开始生涩地练琴），此阶段的危机是无法建立自我价值感，容易退缩与放弃。

🍀 **第四阶段**：6~11 岁的学龄期。在这一阶段，就读小学的孩子首次面临学业压力，努力进取是这个阶段需要学习的重要任务，发展顺利将能学到求学做事与待人接物的基础能力，反之则陷入自卑的失败感中。

🍀 **第五阶段**：12~18 岁的青春期。在这一阶段，就读中学的学生正面临生理、心理剧变，时常感到困惑与不确定，这个阶段的重头戏是个体能否发展出稳定的自我认同感，也就是对"我是什么样的人？""我能做些什么？"这类问题有个大致的概念。埃里克森本人求学时期的经历，导致了他第五阶段的发展危机——"角色混淆"。如同寓言故事中的蝙蝠，长着翅膀却得不到鸟类的认同，虽有爪牙也不为兽群所接受。埃里克森深深困惑于白人或犹太人的抉择，因为无法依附于某个文化认同正是自我定位最困难的处境，是以埃里克森最终选择拒绝任何一个血脉，以认同自我而非认同父母传承的方式解决危机。亦有后世学者认为，埃里克森终其一生都致力于自我认同的追寻。

🍀 **第六阶段**：19~30 岁为成年早期。个体在此阶段的身心状态渐趋稳定，开始进入社会职场奋斗。中国文化认为此阶段为迈向而立之年，也就是找到能够安身立命与依循的生活道路。埃里克森则认为这个阶段的任务是发展亲密关系，包含伴侣的爱情与同伴的友情；顺利发展的个体能够在关系中找到归属感，反之则会有强烈的孤独感，从而与社会疏离。

🍀 **第七阶段**：31~60 岁间进入成年中期。这一阶段对照中国文化中就是横跨了不惑与知天命的人生阶段。此阶段的个体必须有某种形式的产出，或足以让自己奉献心力的活动，不论生儿育女、建立事业、研发创作还是提携后辈，都有助于完成发展任务。生活中也常能观察到，若是到了这个阶段还膝下无子的人，往往会全心投注于工作上。就更细微的心理意义而言，此阶段是为即将到来的老年期做准备，渴望将自己的生命、知识、专业传递下去。此阶段的危机是变得对社会与他人漠不关心，生命进入停滞期，也失去意义。

🍀 **第八阶段**：60 岁后迈入人生的最终。在这一阶段，随着体力与健康的逐渐衰退，个体也不断地回顾一路走来的往事，以不同的眼光检视自己的成就、关系、作为、缺憾。第八阶段的任务是能够将各种人生阅历统合起来，体认到不论好坏经验都是构成独一无二的自我所不可或缺的，借此可能达到一种圆满的完整感，以超然的智慧面对死亡。若无法顺利统合，则会对其一生充满失望与悔恨。

埃里克森的理论不仅在教育领域发挥了重大影响，也有别于多数心理学家只重视成年前的人类心理发展。目前，发展心理学领域相当强调对于毕生发展（Life-Span Development）的研究，主张从出生至死亡的每一阶段都有其独特的发展特质与心理需求，因此在不同的人生阶段，发展的着眼点也不相同，埃里克森就是走在毕生发展思维最前端的开拓者之一。

班杜拉（Albert Bandura）：社会脉络下的学习观点

班杜拉一九二五年出生于加拿大的一个乡村小镇。他的父亲拥有一个小麦农场，虽然当地中学只有二十个学生与两个老师，却培育出了班杜拉这位伟大的学者，他二十六岁时在爱荷华大学取得临床心理学硕士，翌年即得到心理学博士学位。班杜拉长年任教于斯坦福大学心理系，一九七六年担任美国心理学会会长，二〇〇四年获颁杰出心理学终身贡献奖，精力充沛的他至今仍在心理学领域服务。

班杜拉在攻读学位期间，对行为主义采用实验的明确效果印象深刻，当时又正值认知心理学崛起的时刻，虽然他的学术立场并未随着转移至纯然的认知典范中，但他采用取长补短的方式，广纳他人的学习理论或类似于认知心理学的概念，来弥补传统行为主义的不足。班杜拉提出了"社会学习论"（Social Learning Theory）。"学习论"通常是行为主义的代名词，班杜拉加上了"社会"两字与之区别。

（一）从旁观到实践：社会学习理论

社会学习理论的观点认为，人类的学习历程并非如传统行为主义描述的那般简单。班杜拉认为人并非只是被动地受外在环境的制约。早期激进行

班杜拉

阿尔伯特·班杜拉 (Albert Bandura, 1925—), 美国当代著名心理学家, 现任斯坦福大学心理学系教授。他是新行为主义的主要代表人物之一, 社会学习理论的创始人。

为主义者主张人类意识是一个没有研究价值的"黑盒子",新行为主义逐渐接受人类意识对学习有一定影响力,但仍使用诸如"内在有机变项"之类的别扭名词指代思考历程,而班杜拉身为第三代行为主义学者,已经能够自然地描绘人类的自主性与社会因素在学习中扮演的角色。

班杜拉提出的独特概念为"**观察学习**"(Observational Learning),他认为人类的行为如此复杂,不可能是逐一亲身体验后才能学到经验,而最为简便的方式,就是通过在社会关系中观察他人的行为,只要看到行为出现后结果的好坏,就能知道什么行为是能做与不能做的,因而减少了不必要的试错与冒险。由于这样的学习无须自己亲身体验,因此又称为"**替代学习**"(Vicarious Learning)。举例来说,如果小朋友曾经看到家里养的猫因为偷吃桌上的烤鱼而被修理一顿,他就会知道动手吃东西前最好先问爸妈一声。

❦ 儿童攻击行为实验的启示

班杜拉的经典实验是关于儿童攻击行为的研究，他将四到六岁的儿童分成两组。两组都观看成人攻击玩偶的影片，两组儿童的差别在于影片后段。第一组影片中的成人获得另一个人的称赞："你是个强壮的冠军！"第二组影片的成人则受到训斥："我以后再看到你欺负弱者就给你一巴掌！"观赏完影片后儿童被带到一个房间中，放着与影片中一样的玩偶，以及成人用来攻击玩偶的道具，结果显示，观看攻击行为被称赞的影片那组儿童表现出更多的攻击行为。

班杜拉发现不论把影片换成真人现场示范，还是改成动画片、电影的形式，效果都一样。这令人不安地联想到，我们所观看的媒体都是什么样的内容？在某些动画片中，攻击与血腥的内容直逼成人尺度，而在主流商业电影市场中，动作片充斥着正义英雄所进行的各种暴力活动，这些暴力活动的结果通常是被奖赏的（拯救了世界并抱得美人归），从社会学习论的观点可以推论这类节目带来的学习效果。

观察学习需要经过特定的步骤，我们以商业广告的例子来辅助说明这个历程。

第一个阶段，个体要先"**选择观察的对象**"（班杜拉称其为"**榜样**"）。注意其某些特定的行为。班杜拉认为成功事件比失败事件更容易引起人们的注意，而那些具有较高社会地位、较大权力或较佳能力的对象，比较容易成为人们的榜样。这也是为何广告总是选择具有一定知名度的名人作为代言人，因为这能够更快抓住你的目光，进而有选择性地注意他们提供的特定信息，例如，广告中穿着特定品牌服饰的女星，被众多异性争相追求。

第二个阶段，称为"**维持过程**"。也就是我们把观察到的事件转换成信息储存在记忆中。在上述的例子中，消费者可能逐渐会产生一种认知或印象，觉得该品牌服饰是被女星的美学品位所认可才为其代言，或将该品牌服饰与吸引人的魅力联系在一起（附带一提，并非所有人都能随时记得眼前其实是带有商业目的的广告，初中以下的小朋友通常无法区分电视广告与真实生活的不同，是以广告对他们有着致命的吸引力，不过只要手法够高明，对成年人一样有效），而厂商为了让你印象深刻，会在你常看的节目广告时段重复播放广告（他们当然握有每个节目的收视族群资料）。

第三个阶段，是"**重现过程**"。当印象加强到一定程度，消费者起了"有为者亦若是"的心态（我也想要这件衣服），这个过程牵涉到模仿能力的运用。在我们所举的商业广告例子中，模仿能力指的是得到该品牌服饰的能力，关键可能只涉及付出金额的多少，但如果想要模仿的是国际选手的运动能力，显然重现过程就复杂得多了。虽然我们已经将想要模仿的行为印刻在脑中，也构思了完成的可能性，但我们也许真的会做，也可能想想就罢了。

第四个阶段，为"**动机阶段**"。此阶段的重点是能不能表现出习得的行为，是否有足够的诱因，比如说，你去服饰专柜，发现正在搞周年庆特价，试穿了之后发现的确很适合，那衣服被你带走的可能性就颇大。相反，假如你发现这件衣服要花掉你半个月薪水，还得减掉至少三公斤体重才能穿得上，那就另当别论了。诱因是很主观的，比如说你看到同事努力拼业绩得到了主管称赞，但你比较想要的是加薪，那你可能就对提高业绩这事缺乏兴趣，也就是虽然已经知道这么做会有好结果，但不见得会表现出来。

前面曾经介绍过，认知典范的特点是详述人类处理信息的不同阶段，因而上述"社会学习论"的四阶段带有浓厚的认知典范色彩，而行为结果的好坏能够增加或减少个体行为表现的机会，完全是行为主义的概念。班杜拉只是特别强调"社会观察"这种学习途径，以及人有意识地选择要学习什么与表现什么，但并未否定行为主义的基本原理，因而一般学者认为班杜拉的

> **名家逸事**
>
> 　　班杜拉从小在艰苦的条件中求学，他出生的乡村缺乏资源。他回忆道："当时所学的大多数内容都过时了，但那期间养成的自主性一直都发挥重要的作用，指导着我工作、学习、研究等。"功成名就的班杜拉以"我能做到"解释"自我效能"。他说这句话正是自己一生的写照。

理论主要属于行为主义加上认知典范后的折中观点，这个观点脉络近来也被称为"社会认知理论"（Social Cognitive Theory）。

（二）信念会不会影响成就：关于自我效能理论

班杜拉另一个发人深省的认知论点，称为"**自我效能**"（Self-efficacy）。自我效能类似口语中所说的"自信"，班杜拉将其定义为对于自己是否能达成特定任务的信念，以及关于结果的预测。自我效能会影响个体表现其真实能力，班杜拉发现，即使个体已经具有足够的技能，但假若他对自己的能力有所怀疑，那同样无法产生良好的表现。而自我效能高的人则比较愿意挑战困难的活动，面对逆境时不易放弃，以及具有较好的情绪状态。

部分学者认为班杜拉的观点较为繁杂，以至于系统性较为薄弱，且对于人类的认知层面描述不够清晰。然而班杜拉的理论在教育领域却深受重视，社会学习论强调环境中榜样的重要性，以及个体主观经验在学习历程中所扮演的角色，这都是传统行为主义所欠缺的。班杜拉的贡献在于完善学习历程的理论，使其更具包容性与实用性，对于学习相关领域的工作者颇具参考价值。

马斯洛（Abraham Maslow）：自我实现的需求

马斯洛与罗杰斯同是广为人知的人本主义心理学家。罗杰斯的主要贡献在于将人本主义转为系统化的心理治疗技巧，马斯洛则是致力于人本精神的学术理论，他与友人在一九六一年创办《人本主义心理学期刊》，阐明人本主义心理学的核心理念为关注人类的精神健康：为了达到积极正向的心理状态，人类有必要在此时此地（Here and Now）为自己的行为负起责任，并通过不断的自我了解来成长，才能获得真正的快乐。

马斯洛出生于一九〇八年纽约的布鲁克林贫民区，在七个孩子中排行老大。由他的自述中可以得知其童年生活并不快乐。一方面是他的母亲无暇顾及所有的孩子，马斯洛没有从家庭中得到太多满足。另一方面则来自他的犹太人身份，受到同学与师长不友善地对待，于是马斯洛逐渐习惯一个人待

马斯洛

亚伯拉罕·马斯洛（Abraham Maslow，1908—1970 年），是美国著名社会心理学家，第三代心理学的开创者。他提出了融合精神分析心理学和行为主义心理学的人本主义心理学，于其中融合了其美学思想。他的主要成就有创立了人本主义心理学，提出了马斯洛需求层次理论，代表作有《动机和人格》《存在心理学探索》《人性能达到的境界》等等。

在图书馆与书为伍。这一切直到高中后才开始变得不同，马斯洛将他在布鲁克林高中的生活称作"幸福生活的开始"。

在威斯康星州大学攻读博士学位期间，马斯洛与著名的心理学家哈洛（Harry Harlow）共同从事研究工作。哈洛广为人知的实验主角是一群可爱无比的恒河猴。小猴子们与生母分开之后，实验者提供了两个代理妈妈，一个以铁丝网制成但有奶瓶可提供奶水（虽然冰冷但可填饱肚子），另一个则是以绒布制成可供小猴子拥抱。实验结果颠覆了"有奶便是娘"的预测，小猴子除了饥饿难耐时到铁丝网妈妈那儿进食外，大多数时间都在绒布妈妈身上寻求温暖与慰藉。哈洛也以一系列相关的研究发表了著名的**"依附理论"**（Attachment Theory）。

哈洛通过后续的研究发现，虽然有绒布妈妈提供温暖，但对于恒河猴的健全发展似乎仍不够，自小被隔离而缺乏真正母爱的恒河猴，长大后出现自闭、自虐与攻击行为，也无法顺利与异性交配，纵使通过强迫方式使其怀孕，缺乏母爱的恒河猴不仅不会照顾亲生骨肉，甚至还出现虐待与杀害孩子的行为。这个研究显示童年时期所受到的关爱与照顾对于人的心理发展何等重要。咱们这个时代出现了个新潮的词儿叫"iPad 保姆"，不管何时何地给孩子一台平板电脑，玩着玩着他就不吵不闹了，但以依附理论的观点看来，这种代理母亲还是能免则免的好。

> **心理学小词典**
>
> 依附理论：幼儿在发展早期需要依附于其照顾者，形成亲密的关系，否则会对成长后的心理与社交能力产生不利影响。根据幼年时期依附模式的不同，亦能预测个体将来的人际关系的质量，以及其与伴侣互动的模式。

（一）衣食足而知荣辱：需求层次理论

有人说哈洛真正想谈的其实是爱。他与马斯洛同样与母亲疏离，也许痛苦更多一些，曾经历过多次抑郁症发作，这让他本能地在学术道路上寻求治愈。而马斯洛则在毕业后，选择回到故乡的布鲁克林学院工作，或许他受到哈洛"依附理论"的启发：如果猴子对于亲情温暖的需求大过于生理需求（至少是在有选择的情况下），那人类又是如何运作呢？在求得温饱之后，人就能满足于现状吗？对于爱的需求又放在哪个位置？马斯洛对这些问题的解答，就是他后来提出的**"需求层次"**（Hierarchy of Needs）理论。

显然，人之所以不同于动物，在于拥有更加复杂的思维、情感，甚至有身而为人的尊严与自由意志，这也是人本主义最为强调的部分。然而马斯洛认为人类的需求是有高低层级之分的，由低至高的五种需求分别为：**生理需求**、**安全需求**、**爱与归属需求**、**自尊需求**、**自我实现需求**。他认为追求高层次需求的满足对心理健康是有帮助的，越往高层次发展的人，越不容易有焦虑、恐惧等心理疾病。马斯洛也提到，低层次需求的满足能够舒缓紧张与压力，但高层次需求的满足则能带来较为深刻的幸福与内在宁静。

需求层次理论中最低的两个需求，生理需求是指饮食、居所、性等生物本能，安全需求则是免于危险或疾病威胁。生理需求与安全需求，不仅仅是人类，可以说是所有生物都渴望被满足的。一般而言，饥寒交迫或有生命危险的人最关心的，还是如何能够活下去。如在历史上，饥荒与战乱让人类的行为无异于野兽。同样地，如果国家政府要推动道德意识、艺术美感的养成，在低迷时期必然比富裕安定时期困难得多，这便是需求层次理论的核心论点：较低层次的需求获得一定程度的满足后，人类才有精力去追求更高层次的满足。

倘若衣食无缺、安全无虞，不再人人自危，我们便开始致力于寻求与外在世界情感的交流，这个层次被称为"爱与归属需求"或"社交需求"，也就是我们从家庭、朋友、同学、同事等社会关系中，得到关怀与抚慰，在其中我们扮演某个团体中的某个角色，从而感觉到自己并非孤独地活着。就如常听到的那句"人是群体的动物"，社交需求能够带来更深一层的心理安全与满足感。在退休人员身上也能够看到，充足的物质并不能保证生活的良好质量，那些有着亲人关心或社团活动的退休者，通常对生活有着更高的满意度。

第四个层次，是关于自我价值感的需求，"自尊需求"指的是通过成就来突显自我重要性，进而得到他人的认同与肯定。自我价值的一个部分，是通过与他人比较而建立的，因而与上一个爱与归属需求相较，我们开始不再以担任机器中的小螺丝钉自满，而是要更具体地了解，我究竟能做出什么样的独特贡献。处于这个需求层次的人，可能更加积极地追求诸如财富、权力、地位等具体成就，或发展其他能够提升自我肯定与荣誉感的事物。

"自我实现"则是人类独有的高层次需求，包含马斯洛在内，所有人本主义者都坚信，人性中普遍存在自我实现的渴望：一种想要将自我潜能发挥到极致的内在驱动力。在"自尊需求"的层次中，我们追求竞争力与出色表现，为了适应社会标准，往往必须戴上各种面具，压抑内在的那份纯真与创意，"自我实现"则是一条返璞归真的道路，因为个体不再耗费大量心力，去经营与维持理想的自我，而是将注意力转向内在，探索并统合深层的矛盾。

马斯洛整理出自我实现者重要的共通特质：对自我及他人的接纳与尊重、自然地表达情感与思想、独立自主并享受生活、不轻易认同世俗的观点、时常带着好奇与幽默感、时常展现改进生活的意愿与能力、拥有知己好友与亲密关系等等。蕴含于这些令人生羡的特质底下，是可简单比喻作"**第二纯真**"（Second Naivete）的精神：**同时拥有成人的知识经验与孩童的不拘创意，貌似矛盾却又统合的自我状态**。此番人生境界，让人心向往之。

> **名家逸事**
>
> 马斯洛出生于纽约布鲁克林区的犹太家庭，父亲酗酒，母亲性格冷漠而暴躁，使他的童年十分痛苦。他曾如是自述："我是在图书馆的书籍中长大的，几乎没有任何朋友。"在阅读过程中，美国总统杰弗逊和林肯成了他心中的英雄人物。而当他开始发展自我实现理论时，这些人则成了他研究中的基本范例。

（二）核心观点：在想要和需要间挣扎

马斯洛理论的核心观点是需求具有层次之分，虽然能够找到一些例外的个案，如圣雄甘地可以为了崇高的目标，放弃生理需求及安全需求，但对大多数人而言仍然适用。虽然人人都渴望更高的生命体验，但仍有必要提醒的是，当一个社会正处在低迷期时，生理与安全的需求仍然是最优先的，能吃能睡之后，才有余力来追求更高层次的需求。套一句临床心理学的专业术语来说，这是比较有现实感的。

我在临床实践中曾见过一个案例。三十岁，男性，因长期失业而心情低落。分析其原因,一来是难以屈就低薪的工作,不愿为五斗米折腰,然后是顶着硕士学位也不愿从事体力劳动,总认为自己被大材小用。他平均每年要换四份工作,后来落得只能靠失业救济勉强过活。这个案例是把第四层次的"自尊需求",看得比第一层次的"生理需求"还要重要。由此可见,无视需求层次高低的结果,可能就会落入孤芳自赏、眼高手低的境地。

另一类极端的案例,是被困在低层次需求中挣扎。纵使吃得饱穿得暖,仍不断活在匮乏的不安全感中,于是拼了命工作来买高额保险,贷款买高档公寓,不但赔上身体与人际关系,也总是处在被压力追赶的状态,更别提所谓的成就感了。

上述例子显示了对于"基本需求"的错误认知,可能导致我们过度投入精力在安全感上。依马斯洛的观点,这意味着生活中将有更多的焦虑与恐惧,也错失用既有条件提高生活质量的可能。马斯洛首创了"积极心理学"(Positive Psychology)这个名词,理由是马斯洛认为过去半个世纪以来,心理学围绕着精神疾病这个主题打转,而疾病本身是一种负向的概念,因而"积极心理学"在概念上与过去的"消极心理学"区隔,也突显了马斯洛毕生的主张:"每个人都能够、也应该尽可能发挥自我的潜能,进而提升生命层次,追求幸福与满足。"

米尔格拉姆(Stanley Milgram): 人性的黑暗面

米尔格拉姆是近代心理学史上最具争议,也是最富戏剧性的心理学家之一。他在二十七岁时构思出的经典实验,震惊了整个心理学界,却也使他的学术生涯充满坎坷:美国心理学会保留他入会的申请,要求他先接受伦理委员会的调查,主要原因是他被投诉,在实验中对受试者的欺骗有违伦理;随后耶鲁大学与哈佛大学又不约而同地解聘了米尔格拉姆的教职,更别提当时不断有学者在专业期刊上撰文批评他的研究。如此才华洋溢的学者,何以落入过街老鼠的处境?

在前面章节中,我们曾提过由津巴多教授所发表的斯坦福监狱实验。

米尔格拉姆

斯坦利·米尔格拉姆（Stanley Milgram，1933—1984年），美国社会心理学家，于1960年在耶鲁大学工作时进行了著名的米尔格拉姆实验，测试人们对权威的服从性。未能在耶鲁大学获得终身教职的他于1963年转往哈佛大学工作，进行小世界实验，因而启发了六度分隔理论。

米尔格拉姆与津巴多的研究同属社会心理学领域，他们的研究一样充满争议性。他们都在一九三三年出生，都是纽约人，实际上，他们高中时就已经是好朋友了。社会心理学的基本主张是"你是谁（性格），比不上你在哪里（情境）重要"，如同监狱实验所呈现的，一般标准所认定的正常人，只要给予特殊的情境，也能展现出暴行。米尔格拉姆与津巴多臭味相投，他的研究更是有过之而无不及。

> **心理实验**
>
> 米尔格拉姆的岳母曾向他抱怨年轻人都不愿让座,启发了他的"让座实验"。他请年轻实验助理在公交车或地铁上提出让座要求。结果实验发现,不论男女老少,有一半以上的人会让座给看似健康的助理。这显示人们多少受着社会规范的影响,尽可能去协助他人,就像我们从小被教导的那样。

从众和服从:我们都是盲目的羊群

米尔格拉姆的老师所罗门·阿希(Solomon Asch)是社会心理学领域的开创者之一。所罗门·阿希著名的研究主题是同辈压力。在他一九五六年的"从众实验"(Conformity Experiments)中,一群人在房间进行视觉作业,作业本身相当容易,只要回答眼前的线条,是比其他线条长或短,基本上小学生来做都绰绰有余,暗藏的诡计是这群受试者里只有一个是不知情的"真正受试者",其他六个人都是知情者。

研究进行方式是在呈现刺激后,每个受试者轮流作答,而真正的受试者被安排在最后回答的位置。不知情的受试者,很快就发现自己身处一个奇妙的情境,除了他以外的受试者似乎视力都有问题,明明简单无比的问题所有人却异口同声地答错,慢慢地,他对自己不再那么有信心,因为这么多人一同答错的可能性实在太低了……研究结果显示,四分之三的受试者至少出现一次从众的现象,屈服于群众压力,改口回答显然是错误的答案,只有四分之一的人,能够坚持自己所见,众人皆醉我独醒。

米尔格拉姆当时就在构思,如何把"从众现象"以更加令人印象深刻的方式呈现。他曾在接受采访时说:"人类的服从倾向,不能只用判断线条长短为依据,我更想知道群体能不能对个人施压,强迫他做出更能反映人性的行为,例如攻击或电击他人……"这个为科学研究赋予戏剧灵魂的意图,催生出米尔格拉姆匠心独具的"服从权威"(Obedience to Authority)研究。

米尔格拉姆首次执行实验的一九六一年,适逢德国前纳粹高官阿道夫·艾希曼(Adolf Eichmann)遭审判与处刑不久,米尔格拉姆表示实验的目的,是为了测试"艾希曼及其他参与犹太人屠杀的纳粹党员,是否可能只是单纯服从上级命令"。言下之意,米尔格拉姆不认为艾希曼是丧尽天良的恶人,更极端地说,他想要通过"服从权威"实验来举证艾希曼只不过是听命行事,跟你我没有两样的"普通人"。

"服从权威"实验设计如下:受试者被告知参与一个"惩罚对于学习行为的效果"研究,受试者两人一组,依抽签结果分配老师与学生的角色(抽签是设计过的,真正的受试者一定会当老师,学生则是研究者的助理)。全程都有一个穿着白袍的主持人发号施令,首先他要求老师把学生用胶带固定在椅子上并接上电极,随后带着老师进到隔壁房间。老师在这个房间虽然看不到学生,但可以通过扩音设备跟隔壁的学生对话。

房间内有台巨大的机器相当引人注目,上面的许多按钮标示着不同数字的电流强度,从十五、三十、四十五伏特,到最高的四百五十伏特,数值最高的几个按钮还特别注明"危险!极强电流!"主持人告知这是电击控制器。他交给老师一张清单并说:"请你用麦克风把上面写的词念给学生听,让他复述,只要他背错了,你就电击他,从最低的十五伏特开始,逐次增加。"如果老师愿意的话,还可亲身体验四十五伏特带来的痛苦程度。

随着学生不可避免地犯错,老师开始逐渐增加电击强度,在按下一百五十伏特按钮时,隔墙的学生传来尖叫,说他想要退出实验(这些叫声是事先预录好再播放出来的,并没有人真的当场被电击),当老师感到犹豫时,主持人只是面无表情地说:"实验就是这样,请你继续。"随着电击强度增加,尖叫声也越来越激烈,当电击强度增加到三百伏特时,学生拒绝回答问题,敲打墙壁嚷着自己有心脏病,要求立刻停止实验。此时扮演老师的受试者陷入天人交战之中,而穿着白袍的主持人只是平淡地下达"请继续"的指令。

在施以三百三十伏特的电击后,墙壁的那头却是令人窒息的静默,主持人会提醒道"不回答也算答错,请你继续"。接下来不论老师做了什么,隔壁都不再有反应,就这样一直到最强电压的电击。这个研究有两种可能结束的方式，一是听从主持人的指示进行到最后，给予最高四百五十伏特的电击，再就是扮演老师的受试者坚决反抗主持人（定义是连续拒绝主持人四次），实验就提前停止。

以上即是大致的实验程序，关键的问题是，究竟有多少受试者会乖乖服从命令，完成这个不人道的实验？米尔格拉姆事先访问过许多人，不论是大学生、一般民众，还是心理学家同事，都一致认为很少有人会听命进行到最后，顶多到一百五十伏特就会停手，若要他们估计有多少比例的受试者，听着哀号声还能进行到最后，多数人认为是百分之一到百分之十。

米尔格拉姆首次实验的结果揭晓，结果是百分之六十五！不分教育程度与职业类别，研究中总有三分之二的人，执行最强烈的四百五十伏特电击。虽然每个受试者在研究进行时，都会质疑实验的正当性，甚至有人表示愿意退回实验的酬劳不干了，但当中没有任何一个人，在到达三百伏特前停手，也就是说纵使那些能够反抗主持人权威的受试者，也都是到了惨叫最严重，或没有声响时才坚决退出。

后续研究发现，百分之六十五这个比率基本上是稳定的现象，这意味着平凡如你我一样的普通人，若在不知情的情况下参与了实验，也有这么高的概率会服从权威者的指示，表现出像是虐待狂才有的行为。我们绝不认为自己是如此残酷的人，光是想想这个可能性，就开始有种不舒服的感觉，更别提那些亲身参与实验的人，被告知真正的研究目的后，感觉会有多糟。

这个实验留名青史的另一个原因，是它已成了心理学研究伦理议题中的常客，虽然米尔格拉姆宣称，没有任何人受到"真正的伤害"，但多数心理学家的共识是，服从权威实验已经逾越了"不伤害"原则。许多参与该研究的受试者，感到自己被愚弄或被利用，如某位曾参与米尔格拉姆实验的受试者，接受采访时表示："你不可能在实验结束后，才告诉受试者一切都是假的，他们确实动手电击对方，他们认为自己这样做了，没有人可以改变那样的想法……"

服从权威实验充满戏剧张力，如同苦涩的启示录给予人性重击，让世人体会到在面对权威时，我们往往如此胆怯与脆弱。一旦正视这个研究结果，

就很难保有那份我们本质上是好人的自我感觉,将我们与犯罪者区隔的那条道德界限也变得模糊起来,

这或许是米尔格拉姆触怒众人的真正原因。然而真相能带来自由,残酷的真相亦然,若能了解人性里的服从天性,不再将生命境遇归结于权威及制度,又何尝不是一条重拾力量的道德勇气之路?

据米尔格拉姆太太的回忆,一九八四年米尔格拉姆因心肌梗死发作被送至医院,为了急救,医师反复对他进行电击,恰如受试者在实验中所做的,直到宣告不治,结束他五十一年起伏的人生。

心理学小词典

六度分隔理论(Six Degrees of Separation):这个理论亦由米尔格拉姆提出。他试图以实验证明,世界虽大,但地球上任意两个陌生人要互相联系,只需通过六个人就足够。这个研究别名"小世界实验"(Small-world Experiment),普遍被应用在营销理论中,鼓励业务员挖掘潜在客户。

洛夫图斯(Elizabeth F. Loftus): 真作假时假亦真

美国公共卫生期刊二〇〇一年的一篇研究报告指出,约有百分之十三点五的女性和百分之二点五的男性,曾经遭到某种形式的性虐待,这在美国本土一直是无法忽视的问题。事实上,从二十世纪八十年代开始,越来越多的成年人回想起自己的童年,有遭受他人虐待的创伤回忆,并指控双亲犯下令人发指的暴行,在当时衍生出大量的司法诉讼案件。

一般而言,犯罪都有所谓的追溯期限,原告需在犯罪行为发生的几年内提出诉讼,但在二十世纪八十年代,美国却有超过三十个州的法院,特别延长提出诉讼的期限,专门适用于那些在成年后,才回想起十年前或数十年前被虐经历的人们,法律允许他们只要在"记忆恢复的五年内"皆可提起诉

伊丽莎白·洛夫图斯

伊丽莎白·洛夫图斯（Elizabeth Loftus,1944— ），美国认知心理学家和人类记忆专家。她对人类记忆的可塑性进行了研究。

讼。这些原告中，有相当高的比例是曾经或正在接受心理治疗的个案，且他们的治疗师几乎都是精神分析方向的，这个现象并不令人意外，埋藏于潜意识的创伤经验，原本就是精神分析师最感兴趣的素材。

精神分析理论认为，创伤经验如果超出个体的承受能力，为了存活下去就会启动心理防卫机制，将不堪的回忆压抑到潜意识中，借由遗忘，个体可以不必面对强烈的恐惧或痛苦。通过分析师的引导，被压抑的痛苦得以浮到意识层面，让当事人逐渐释放并修复创伤，这在精神分析理论中，原本就是非常合理、符合逻辑的事情。

心理学小词典

防卫机制：由弗洛伊德提出，意指自我对本我的压抑，是人类为了避免痛苦、紧张焦虑、尴尬、罪恶感等等，所使用的心理调整。

（一）如果记忆不等于事实

创伤治疗如果发生在只有两个人的治疗室中，基本上没什么问题，百年来精神分析一向如此运作；再者，如果曾经在催眠表演秀中，看到被催眠者津津有味地吃着酸的柠檬，就会理解在很大的程度上，我们的主观感受可以跟客观事实产生极大歧异。人基本上是活在主观世界中，所以如果有人在治疗中想起一段创伤，心理治疗师的工作就是去治疗那个主观的创伤，而不是像个侦探般将客观真相查个水落石出，这点对那个年代的治疗师至少是如此。

同样的事情如果闹上法庭，就不这么单纯了。一九八八年，一个名为保尔·英格拉姆（Paul Ingram）的副警长，被他的亲生女儿指控乱伦，以及举行邪教仪式杀害婴儿等。保尔·英格拉姆一开始否认所有指控，澄清自己没有任何相关记忆。当时参与案件的精神分析师表示，保尔·英格拉姆之所以想不起来，是因为自己的罪行过于骇人，以致被压抑到潜意识中。当保尔·英格拉姆强调自己并没有压抑时，分析师则告诉他，想不起某件事通常就是压抑的证据，只要承认事情的确存在后，记忆就会逐渐恢复。经过五个月二十三次的侦讯后，保尔·英格拉姆开始回想起自己犯罪的经过。

这个案例公诸于世后，很多人立即发现精神分析师在此犯了常见的逻辑谬误，称为循环论证或套套逻辑（Tautology），逻辑如下：

"如果你回想不起来，那必定是由于压抑的作用。"
→"如果想不起来，要如何知道压抑确实存在呢？"
→"压抑最直接的证据就是你无法回想起任何事。"

在这个案例中，"压抑"与"失忆"基本上是同义词，轮流放在"因为"与"所以"的位置上，这就是互为因果的循环论证。另外，英格拉姆受到的待遇让人联想起中古世纪欧洲的女巫审判，被指控为女巫的妇人被绑在椅子浸入水中，假如淹死了就证明她的清白，假如存活下来就被视为女巫处以火刑,本质上是种未审先判的双输局面。

英格拉姆是幸运的,后来有学者出面协助证明他的清白,这个案子的结果证明所有指控都是假的,而英格拉姆女儿的童年受虐回忆,极有可能是受到治疗师的暗示而虚构出来的。在英格拉姆的案例中,公平正义得以伸张,但真正的问题是,有多少像英格拉姆一样,却没有那么幸运的人,被精神分析师送进了监狱?又有多少平凡的家庭,由于所谓"潜意识的童年创伤回忆"而破碎?

> **心理学小词典**
>
> 套套逻辑(Tautology):逻辑论证上的一种错误论证,乍看之下好像有理,其实前提与结论互为因果,并没有实质上的论证。例如"怎么知道神真的存在?"这个问题,回答"因为《圣经》上说神确实存在,而《圣经》是神的话语,神的话语必然是对的,所以神存在",就是使用了套套逻辑。

(二)真相与目击证词:辩方证人洛夫图斯

洛夫图斯出生于一九四四年的美国,其研究方向为认知心理学领域,擅长对人类记忆功能的研究。对当时许多指控双亲的诉讼案,她相当不以为然,主要原因是在这些案件中,当事人的"记忆"可能是唯一的证据,而她很了解记忆功能并不像一般人想的这般可靠。在这些案件当中,真实的比例究竟有多少不得而知,虽然的确有研究显示,童年曾遭受虐待者中,约三分之一的人在二十年后完全不记得创伤回忆,但洛夫图斯身为一个科学家,他以科学逻辑的思维去证明,通过回想而来的记忆"有没有可能是假的"。

一般而言,认知心理学属于学术领域,而非应用领域,洛夫图斯却因其独特的研究兴趣,以认知心理学家的身份活跃在司法领域。司法调查程序中常需要目击证人的协助,提供其回忆作为证词。洛夫图斯在二十世纪七十年代开始对目击证词的可信度产生兴趣。她以一系列的实验证明,受试者的视觉回忆很容易受到影响，即使是问句用词上的细微差异，便可能回答出不同的结果，甚至能回忆出原本不存在的细节，这些研究提醒了司法人员，在侦察阶段应特别留意引导式问句的使用。

❧ 武器会影响记忆

研究显示，即使目击证人明确指出凶手，都不能全盘相信。一九七六年由约翰逊与斯科特（Johnson and Scott）进行的"武器焦点"（Weapon Focus）研究中，当嫌疑人手中持有武器时，被害人会因压力与恐惧的影响，将多数注意力集中在武器上，而较少放在嫌疑人的面孔上，因而后续只有百分之三十三的人能成功指认出嫌犯；相对而言，若嫌疑人手持非武器时，指认的成功率则上升至百分之四十九，这个研究的重点有二：首先，压力与恐惧确实会影响到人类处理信息的精确性，而这恰好是多数目击证人当下的情绪状态；再者，即使在相对威胁性较低的非武器组，指认的正确概率也不过一半，颠覆了传统上"眼见为凭"的观点。

虽然洛夫图斯积累了一些研究证据，但真正让她立志于要帮助受诬告的无辜民众，是一九九○年的事。当年她应邀协助查清一个案子：一个六十三岁老人被女儿指控，在二十多年前强暴并杀害她的好友。洛夫图斯以专家证人身份出庭，表明此类事件不可能在遗忘了二十年之后，才突然"凭空想起"。遗憾的是这个观点并未被陪审团采信，案件最后宣判老人有罪。洛夫图斯强烈意识到，光是证明目击者的证词容易被扭曲还不够，她得想办法证明记忆可以被虚构出来才行。

名家逸事

洛夫图斯出生于犹太家庭，在证人生涯中，曾经被要求为被指控为纳粹党徒、涉嫌在三十五年前谋杀大量犹太人的疑犯做证，然而家人包括舅公都曾经身陷于被纳粹屠杀的处境，使她陷入痛苦的挣扎中。最后她拒绝做证，同时也被大量的质疑她的专业的抗议信件湮没。

🌱 植入假记忆是可行的

洛夫图斯最著名的研究，应属一九九五年"卖场迷路"（Lost in the mall）的实验。她找来二十四位受试者，首先取得受试者家属的合作，得到被试儿时发生的事件资料。随后每个受试者拿到一份清单，上头罗列了四件受试者的童年事件（其中一件是研究者杜撰出受试者五岁时在卖场迷路的经验，其余三件是真实事件），受试者需回想这四件事并尽可能写下记忆中的细节，如果真的没有印象就诚实回答想不起来。

有六位受试者确实回想起来他们在卖场迷路的细节，虽然记忆的清晰度不及真实发生过的事件，但四分之一的比例已经颇为惊人。即使研究者告知所有参与者四个事件中有一件是虚构的，仍有五位无法正确指认出杜撰事件。谜底揭晓后，那些回想出虚构情节的受试者都感到相当震惊，因为对他们而言记忆是相当真实的。洛夫图斯以此研究证明植入假记忆是完全可行的，只需通过适当的引导，人们就可运用脑中零散的素材，建构出不曾存在的记忆。

作为建构式记忆（Constructive Memory）的权威，洛夫图斯在研究著书以外，也时常以专家证人的角色参与法庭程序，她的研究证据对于司法程序产生了一定的影响力。到了二十世纪九十年代，那些除了"创伤回忆"以外，无法有更多举证的儿时受虐案件，美国法院已不再受理。这波诉讼潮流也转了个弯，许多人开始控告他们的心理治疗师进行不当引导，让他们在治疗中经历不曾存在的创伤。洛夫图斯在这期间面对学界舆论和道德压力，只身力

心理学小词典

建构式记忆（Constructive Memory）：人类记忆功能的运作方式不同于相机或摄影机，无法如实地记录细节与情境。每当我们回忆时，实际上只是把脑中碎裂的情节影像，用有意义的方式组合起来，重新建构成一个合理的故事，只是记忆往往跟真相有所出入，也不是恒久不变的。

挽狂澜的行径，也称得上是功德无量了。

塞利格曼（Martin E. P. Seligman）： 无助或乐观

"正向心理学"一词首先由马斯洛提出，然而积极推动正向心理学蓬勃发展为一门新兴学科的，正是塞利格曼，他肯定半个世纪以来心理学对于精神疾病所做出的贡献，但他也表示："代价是为了脱离生命痛苦的状态，反而忽略最主要的目的——找出生命的意义。"塞利格曼在一九九八年，以史上最高票当选为美国心理学会会长，并以推进正向心理学运动为目标，旨在研究人类如何才能生活得快乐、成功与有意义。另外，也借由国际学术会议的召开，增加正向心理学的能见度。由于塞利格曼的贡献，学者们推崇其为当代正向心理学之父。

塞利格曼

马丁·塞利格曼（Martin E.P. Seligman 1942—　），美国心理学家，曾获美国应用与预防心理学会的荣誉奖章，终身成就奖，1998年当选为美国心理学会主席。

（一）无助的实验：悲观极致表现

塞利格曼与长他三十多岁的马斯洛同为纽约人。他从普林斯顿大学毕业三年后，就取得了宾夕法尼亚大学博士学位，当时他年仅二十五岁。塞利格曼学术生涯的早期以研究抑郁症病理而闻名，在一九七五年发表的著名实验中，塞利格曼将狗关在笼中，在出现声响之后，对狗进行短暂的电击，虽然电击强度并不强（就像冬天被门把静电电到那样），但终究也是不舒服的感觉。由于狗身在笼中，不论怎么尝试都无法停止电击，几次之后，研究者发现狗已经放弃挣扎。

实验的下一个阶段，在发出声响之后，电击前先把笼子打开，给予狗逃脱的机会，然而研究者发现，先前已经放弃挣扎的狗，此时听到声响后不但没有逃出笼子，甚至在真正的电击出现之前，就已经躺在地上发抖与呻吟。塞利格曼认为，在第一阶段中，狗学习到了不论做什么，都无助于停止电击，于是进入了无助的状态，塞利格曼将其称为**"习得性无助"**（Learned Helplessness）。

"习得性无助"研究中最令人惊讶的事实是，无助状态可以保留相当长的一段时间，已经习得性无助的狗，纵使亲眼见到别的狗能逃离电击（我们已经知道狗的智力能够使用观察学习），也不会尝试逃脱，而只是消极等待电击的来临。同理可推，长期陷入无助情境的人，也很可能认为自己无论怎么努力，都无法改变现况，一旦如此认定之后，就进入习得性无助的状态，从而放弃采取任何有建设性的行动，只是被动接受所发生的一切结果。

另一个习得性无助的例子更为触目惊心。同样是动物实验，只是这次实验对象换成了老鼠。实验者提供一个水箱，老鼠入水后会本能地将头探出水面，四肢划动挣扎，实验者如果将老鼠的头压入水中一会儿，放松后老鼠会再次抬头呼吸。研究者发现，一般老鼠都不会轻易放弃求生的机会，但若是先前经过电击程序习得性无助的老鼠，头被压入水中几次后，就会放弃挣扎而溺死，在某种程度上，这些习得性无助的老鼠可以说是自杀身亡的，习得性无助的影响甚至大过动物求生的本能。

🌿 原来悲观也可以通过学习而来

塞利格曼一直对无助议题有莫大关注，主要原因是他父亲晚年多次中风，长期瘫痪在床，直到父亲逝世之前，塞利格曼一直目睹无助感带来的巨大痛苦。带着这样的研究兴趣，塞利格曼在偶然失败的古典制约实验中，找到了着手之处：原本动物们的无助反应，被研究者视为实验的阻碍因素，塞利格曼却看到了其中的价值，这是他人生中的第一个重大机会，进而发表了习得性无助这个精彩且深具说服力的研究结果，然而对于喜爱动物的塞利格曼来说，进行动物实验始终存在道德上的挣扎。

塞利格曼找了一个自己信任的哲学教授，询问是否能为了研究，在动物身上施加痛苦的伦理议题。他的老师提了两个问题："第一，你是否可能在将来为许多人减轻痛苦，这个痛苦是远超过你现在加诸于狗身上的？第二，你在动物身上得到的结论可以应用到人身上吗？"塞利格曼对于这两个问题都给予了肯定回答。随后，塞利格曼承诺一旦得到他所追求的答案，就立即停止动物实验，他也从此彻底走出关于研究的伦理迷惘。

在积累了大约十年的研究成果后，塞利格曼发现习得性无助的实验在人类身上同样有效，因而他认为无助就是人类悲观的重要因素。为了说明悲观对人生产生的负面影响，他提出了几个重度悲观者在生活上可能出现的指标：

（1）很容易感到沮丧。

（2）没有充分发挥潜能，低于原本能力所能达到的成就。

（3）健康状况，特别是免疫功能比一般人差。

（4）生活缺乏乐趣，了无新意。

塞利格曼认为悲观的极致表现就是抑郁症，而即便是中等程度的悲观者，也比一般人更容易有慢性病与提早老化的问题。

（二）学习乐观：正向心理学

年轻的塞利格曼，以习得性无助理论一战成名，然而就在某个巡回演讲的场合中，他人生的第二个契机突然出现了。那是在牛津大学的一场演讲中，塞利格曼显得战战兢兢，除了牛津大学是个百年学术殿堂外，台下还坐满了相关领域中最顶尖的学者，甚至包括诺贝尔奖得主。就在塞利格曼好不容易结束演讲后，大会安排的对谈人约翰·蒂斯代尔（John Teasdale）提出了一个尖锐的质疑。麻烦的是，塞利格曼当时就知道，那个质疑是相当重要的。那个问题是："为什么在你的实验中，总有三分之一受试者，不论如何也不会习得性无助？"

塞利格曼展现了科学家的极佳气度，立即承认自己的研究盲点，他甚至当场邀请这位让自己陷入困窘的蒂斯代尔共同参与研究，探讨什么因素可能让人抵抗无助感的侵袭。他们随后发现，**关键就在于人们对不幸遭遇的解释**，塞利格曼将人们解释境遇的方式称为归因形态（Attributional Style）。悲观的人通常如此看待坏事的来由："都是我不好，不幸永远不会过去，一切都完了。"这里的归因形态特征分别是**个人化、永久化**和**普遍化的**。

"**个人化**"的意思是将失败或厄运的原因归咎到自己身上，也称内在归因，当一个学生把考试不及格，解释成自己很笨，即是个人化的归因；另一个学生，可能怪罪考卷出题偏颇或老师教学不当，则是外在归因。

"**永久化**"意指面对逆境时，就认定逆境将一直持续下去，坏事的负面影响是长远的。例如，一个被老板责骂的下属，永久化的归因形态是"老板总是这么烦"；若是想成"老板今天心情不好"，则属于暂时性的归因。

最后一种归因型态特征是为"**普遍化**"，也就是俗话说的"一竿子打翻一船人"。因为片面的不如意就否定整体，例如，一个交易告吹，就觉得自己毫无业务能力，或是被裁员了，就认定这是个不公正的社会。

🍀 原来乐观的人这样想

而乐观的人之所以不会变得无助，是因为乐观者的归因形态，恰好跟悲观者相反。一个被裁员的乐观者，可能认为是工作不适合他（外在归因，而非解释成自己能力不佳）、这阵子经济不景气（暂时性归因，不会永远持续下去），"此处不留爷自有留爷处"（特定性归因，而非将其普遍化）。简单来说，乐观者的归因形态具有保护作用，坏事不会伤及自尊，也不容易陷入长期或全面的低潮。有趣的是，当身处顺境之时，乐观者对成功的解释就如同悲观者对失败的归因型态一般"个人化、永久化、普遍化"：这都是因为我的能力强，一直以来我都表现得不错，什么事都难不倒我。

> **名家逸事**
>
> 塞利格曼曾进行过一项长期研究。他从美国大都会人寿的一万五千名员工中，筛选出一千一百名作为观察对象，对这些人进行五年长期追踪后发现：正面思考的经纪人，业绩比负面思考的人高出百分之八十八，而负面思考者离职率为正面思考者的三倍，可见正面思考的威力。

塞利格曼受到认知治疗理论（Cognitive Therapy）影响。他认为悲观的症结，就在悲观本身，只要负面的思考模式改变了，那些由内在想法牵引而出的负面情绪、消极行为也会随之改变。塞利格曼在一九九〇年，学术思考成熟的时刻，写了一本经典之作，并以"Learned Optimism"为名（中文书名译为"学习乐观"，新华出版社出版）。基本概念是如果悲观与无助能够通过学习而来，我们当然也能够学习如何正向乐观地思考。

塞利格曼创造"**习得乐观**"一词，可视为他个人迈向正向心理学的分水岭，倘若仅是建立悲观与无助的理论，将负面思考进一步去除，那也再次落入传统心理学的精神病理模式。"习得乐观"这个命题本身隐含着追求正向的意图，而非只求从痛苦的状态解脱，其与"习得性无助"有着精神层面的差异。当年塞利格曼在命名时，"负向"与"正向"的差异也许象征意义大过于实质意义。

正向：去除先入为主的偏见

不过，我们可以从二十世纪七十年代心理学家罗森汉（David Rosenhan）的研究中发现："一旦被贴上精神疾病的负面标签，所有正常不过的行为都会被以病态视角解读。"

大多数人都会同意，罗森汉的实验是疯狂的，他邀请了包括塞利格曼在内的一群好友，连同罗森汉自己，一共八个人，假扮精神病患潜入不同病院，他们经过周详的行前训练，被医师诊断为精神分裂症，需住院治疗。游戏规则是这些假病患一旦入院后就表现得与正常人无异，研究的目的是测试医师能否发现,这些人其实是正常的。然而即使真正的病友都发现他们是假扮的(据说曾有个年轻病人对罗森汉说:"你没有病,要不你是个记者,要不就是教授"),医疗人员仍没有察觉。

不用说,罗森汉发表了这个研究之后,立刻成了精神医学界的公敌,然而他试图呈现的是,人类看待事物的方式,显然会被先入为主的立场所扭曲,即使是受过专业训练的精神科医师,也无法消除这种偏见。罗森汉使得精神医学不得不正视临床误判的可能,并重新修订精神疾病的诊断标准。也许正因为塞利格曼亲身参与过这个实验,才如此重视心理学的基本定位,主张应采取正向的视角。

> **心理学小词典**
>
> 刻板印象(Stereotype):我们依据性别、职业、种族、宗教、外貌、所属团体等等,以非常概略的方式,为不熟悉的对象赋予某种特质,而这通常不代表真实的情况。例如"护士都很有爱心""外籍劳动者都很没水平""男同性恋都很娘""精神病患都很危险"等。刻板印象属于社会心理学的研究范畴,用以解释人类的偏见与歧视行为。

2001年,美国"9·11"事件发生后,塞利格曼更加关注正向心理学对人类的帮助作用,并著书讨论正向的情绪与特质等议题,可参阅《真实的幸福》(*Authentic Happiness*)一书。

塞利格曼的理论并非完美,曾有人批评他一味地将人训练成乐观的思考模式,可能导致我们对潜在风险视而不见,或降低了我们的反省能力,因此特别是对于那些处于高风险境地的人,不见得全盘适用。当然,积极心理学在当代已包含了多样化的、使人类迈向幸福的主题,乐观仅是其中的一小部分,这一切仍要感谢塞利格曼,他曾经在最有利的位置上做出有力的贡献。

斯滕伯格（Robert J. Sternberg）：心理学的理性与感性

斯滕伯格是目前为止我们介绍过的最年轻的学者，一九四九年出生于美国新泽西州。多数学者认为他是认知心理学者，然而斯滕伯格的过人之处更在于其出色的创意。斯滕伯格并非一帆风顺的精英分子，由于严重的考试焦虑症，他几乎所有的纸笔测验成绩都糟透了。不仅在小学时曾被编入特教班，就连刚上大学时，系上教授都建议他别主修心理学，因为就连普通心理学这种基础课程，斯滕伯格都只能勉强过关。

斯滕伯格曾听从教授的建议，短暂转至数学系就读，因学习状况并未改善，他还是决定走回心理学的路，后来证明这个选择是对的。斯滕伯格的高等教育之路渐入佳境，于一九七五年顺利取得斯坦福大学博士学位。他的经历包括任教于耶鲁大学，任美国心理学会会长，入选二十世纪百大心理学

斯滕伯格

罗伯特·杰弗雷·斯滕伯格（Robert J. Sternberg，1949—　）美国心理学家，发展心理学的权威学者。

家等等，目前于俄克拉荷马大学继续从事研究与教学。

虽然求学过程充满挫折，但是斯滕伯格从不认为自己是个笨蛋，他的结论是多数的测验形式都无法评估出自己真正的能力（还记得塞利格曼的归因型态吗？对逆境的外在归因是乐观者的重要特质）。这促使他思索智力的本质是什么，斯滕伯格发现自己特别不擅长背诵与记忆，偏偏这正是多数传统测验特别重视的，而他真正的优势能力只因为没有测量工具而被低估与忽略了。

（一）重新评估自我价值：智力三元论

斯滕伯格提出所谓的"**智力三元论**"（Triarchic Theory of Intelligence），认为人类至少有三种不同类型的智力：**逻辑分析**（Analytical Intelligence）、**创意整合**（Creative or Synthetic Intelligence）和**适应环境**（Practical Intelligence）。"逻辑分析"就是传统教育着重培养的能力，包括记忆特定内容，分析归纳后得出问题的"正确解答"，若要有良好的学业表现，逻辑分析能力必定不可或缺。"创意整合"则是在面临新环境时，能将既有知识重新组合，创造出新点子的能力，斯滕伯格提到创造力高的人有时会给出"错的答案"，因为他们看待事情的角度与他人不同，但这个差异可能转变成有价值的创意。"适应环境"则是日常生活中实用的技能，斯滕伯格称之为"街头巷尾的智慧"（Street Smarts），也就是能因时制宜地运用既有能力。时有耳闻某些领域极为杰出的专家，在生活或人际的表现就像个白痴，这就是适应环境的能力较弱。

心理学里至少有成打的智力理论，回顾过去学者的主张，智力种类从两种到一百多种都有。斯滕伯格的独特之处，是把创造力与生活智慧很明确地界定为一种智力，并依据智力三元论发展出截然不同的智力测验，以此来弥补传统智力测验的不足。斯滕伯格的另一个引人入胜之处，可能是他对"三"这个数字的迷恋，他偏好将某个主题概念分为三个元素，三元论的优点是兼具简洁的美感，又可以呈现复杂的交互作用。我们接着将进入他的另一个三元论，就在斯滕伯格在智力与创造力领域都有相当学术成就时，下一个研究主题却让许多人大跌眼镜。

> **名家逸事**
>
> 斯滕伯格曾以他的三个助教为例，作为智力三元论的注解：第一位助教成绩好、逻辑分析力高；第二位常有很多创新的见解，也就是创意力佳；第三位助教人际关系不错，情绪智商很好。这三个助教毕业后，最快找到工作的是第一个助教（智商好），然而升迁最快的却是第三个助教（EQ高）。

（二）亲密关系的基本要素：爱情三元论

如果有什么话题是亘古不变、千古不衰的，那必然是"爱情"：这个可能所有认知心理学家一辈子都不会感兴趣的研究领域，斯滕伯格却跨进来了，还提出一个颇有说服力的"爱情三元论"。斯滕伯格认为所有的亲密关系都可用三个基本要素加以说明，分别是"**激情**"（Passion）、"**亲密**"（Intimacy）与"**承诺**"（Commitment）。

"激情"是指外表的、生理上的吸引力，想要与对方结合的渴望，浪漫或兴奋的感觉都属于此，通常在关系刚发展的初始阶段，激情是最具主导性的元素。"亲密"是指情感上的交流、信赖与联结，一种能够陪伴且自在相处的感受。"承诺"则是决定与对方维持稳定关系，负起关系的责任和长期交往下去的决心，常见的承诺形式是以结婚或同居来表现。以上三者若能兼备，则属于"完整之爱"，这种关系能带来最强烈的幸福与满足。

若是少了其中的一个元素呢？少了"激情"元素的关系称为"同伴之爱"，通常见于激情已经消退的多年伴侣，类似家人的关系。少了"承诺"元素则称为"浪漫之爱"，虽然两情相悦，但不愿意或不能够承诺彼此关系，艺术作品中扣人心弦的爱情多属此类，虽说目前社会不婚比例相当高，但如果认定彼此是自己的伴侣，也不一定以结婚作为承诺的唯一形式。若是缺乏"亲密"，只有激情与承诺的关系称为"愚蠢之爱"，闪婚一族，或为了负责任而奉子成婚的皆属于此类型，从命名即可得知斯滕伯格并不看好此种爱情，通常关系也难以持久。

　　若是只有一种爱情元素的关系呢？只有"激情"称为"迷恋"，"一见钟情"或"一夜情"多属此类。只有"亲密"称作"喜欢"，能够交心的好朋友。只有"承诺"的关系称为"空洞之爱"，常见于为婚而婚的情形，古代指腹为婚、现代用钱买外籍配偶都属此类。若在关系中找不到任何爱情元素，那就表示这段关系不是情感关系，称为"无爱"，例如同事或点头之交。

　　高明的学者常能以简单的语言描绘复杂的现象，理论本身能够包含完整的观点，并兼具独创性与可用性。以斯滕伯格的爱情三元论为例，它就如同"工程结构图"般清晰，读者只需简单加减就能检视目前的关系属于哪种类型，缺乏什么元素。基于此点，斯滕伯格的理论获得相当高的评价。让人钦佩的是，斯滕伯格的创意源源不绝，横跨认知心理学、心理测验学、教育心理学、性别心理学等领域，是个量产型的学者，他近期的研究兴趣转向人类世界的爱、仇恨与战争。也许现在将斯滕伯格称为大师还早了些，因为谁也无法预料接下来他还会带来什么惊喜！

3分钟心理学回顾

1. 荣格的思想脱胎于精神分析的框架，强调"集体潜意识"下的"原型"，是人类心灵底层普遍存在的结构。

2. 荣格最常见于心理治疗领域的论述为"人格面具"与"阴影"。他认为人们要通过"自我真实化"的平衡历程，使自我趋于完整。

3. 埃里克森将人生分为八大阶段，每个阶段都有一个独特的"发展任务"，若无法完成任务则会面临所谓的"发展危机"。

4. 班杜拉提出"社会学习论"的观点，人类通过观察学习，经由"观察""维持""重现"和"动机"这四个阶段，得到"替代学习"的效果。

5. 马斯洛认为人类的需求是有高低层级之分的，由低至高的五种需求分别为：生理需求、安全需求、爱与归属需求、自尊需求和自我实现需求。

6. 马斯洛认为越往高层次需求发展的人，越不容易有焦虑、恐惧等心理疾病，低层次需求的满足能够舒缓紧张与压力，但高层次需求的满足则能带来较为深刻的幸福与内在宁静。

7. 米尔格拉姆的基本主张是"你是谁（性格），比不上你在哪里（情境）重要"，一般标准所认定的正常人，只要给予特殊的情境，也能展现出暴行。

8. 洛夫图斯研究发现只需通过适当的引导，人们就可运用脑中零散的素材，建构出不曾存在的记忆。

9. 塞利格曼发现长期陷入无助情境的人，可能认为自己不论怎么努力都无法改变现况，从而放弃采取任何有建设性的行动，最后被动接受所发生的一切结果。

10. 塞利格曼发表"习得乐观"，其概念为如果悲观与无助能够通过学习而来，我们当然也能够学习如何正向乐观地思考，为正向心理学的一大进程。

11. 斯滕伯格提出所谓的"智力三元论"，认为人类至少有三种不同类型的智力：逻辑分析、创意整合、适应环境。

12. 斯滕伯格认为所有的亲密关系都可用三个基本要素加以说明，分别是"激情""亲密"与"承诺"。

DAY 4
第四章　心理学的学科分支

先前我们讨论过，心理学是一门关于人类心智运作的学问，自然拥有许多向外延伸的发展性。这一节我们将介绍心理学的研究如何与生活发生关系，以及这些学科的分支发展情况。

从生活出发：那些跟我们切身相关的心理学科

我们的社会与经济正逐渐转型为高压结构，更多人逐渐意识到心理健康的重要性。许多研究显示，当所面临的压力是长期或慢性的时，最容易对人的身心健康产生损害。本章我们从与心理层次切身相关的一些学科开始，包括常见心理疾病介绍、健康心理学等，希望能够提供简易的心理健康指南，帮助读者有系统地了解相关知识，也能积极促进身心健康。

学科 1　变态心理学 vs 心理疾病

健康涵盖的层面相当广泛，也有着各式各样关于健康的定义，然而一个有趣而普遍的现象是，当身心处于健康状态时，人们常常难以意识到健康的存在，反倒是疾病与不适能够吸引我们的注意力，哪怕是嘴里破了一个小洞，都可能让我们一整天无法忽略它。因此，健康的一种常见定义是"没有疾病的状态"，而绝大多数的医疗机构都因应这个定义而生。在这个定义之下，心理健康的主要目标是预防疾病的发生，发现早期疾病，治愈疾病或减轻疾病的影响。

关于心理疾病的知识，通常包含在"变态心理学"（Abnormal Psychology）的内容中。由于"变态"这个词在中文中有强烈的负面色彩，容易让人在脑中浮现出电影中有特殊癖好的犯罪者，因而常有许多被变态心理学书名吸引的读者，翻阅后才发现跟预期不尽相同。原文"Abnormal"的字首"Ab-"代表分离，"normal"则指普遍常态，因而"Abnormal"之意义应为"与常态分离"，是个相对比较中性的意涵，因而也有人将"Abnormal Psychology"译为"异常心理学"或"偏差心理学"，较贴近原意，但不知是约定俗成还是听起来响亮,目前大家仍偏好"变态心理学"作为中译名。

(一)何谓心理异常

基于某些原因,要定义心理异常并不是一件单纯的事,一来是心理疾病不像生理疾病有那么明确客观的标准,进行断层扫描或抽血检验,再与正常标准比较,就能够判断出正常还是有病;再者,心理疾病有很大一个区域是模糊的灰色地带,无论是病人主观的报告,还是外在的行为观察,专业人员的判断过程都有很多主观成分,同是心理专业人员却有不一致的诊断,这在精神医疗中是绝非罕见的事。

❀ 心理异常的标准会随时间而更改

什么样的心理状态会被标定成一种病态,本身就是充满争议的事。半个世纪以来,正规医疗最常用来界定心理疾病的工具,称为"精神疾病诊断与统计手册"(Diagnostic and Statistical Manual of Mental Disorder,DSM),其中记载了各种精神疾病的定义。DSM 的准则大约每隔十年会有一次重大变革,例如早期将同性恋视为一种精神疾病,直到一九七三年人们才将同性恋从 DSM 中移除,同理可推,目前被判断有心理问题的精神病患者,也许十年后标准一改,就仅仅只是属于少数族群的正常人,这使得心理疾病的定义是相对不稳定的,而各界对于 DSM 系统的批评也不曾停止过。

即便目前仍没有完美的工具,将某些需要帮助的人区分出来仍然是重要的,特别是那些主观上相当痛苦,或日常生活已经无法如常运作的人们,接受各种专业协助可能是必需的。虽然部分疾病仍有讨论的空间,但对于那些历史悠久的常见精神疾病,主流医学已经积累了相当多的知识与经验,以下我们将介绍几种常见的心理疾病。在这里要强调这些知识仅供参考,实际判断请务必咨询相关专业人员。

(二)抑郁症:现代人的文明病

世界卫生组织表示当今社会有三大疾病需要重视,分别是心血管疾病、抑郁症与艾滋病。其中，抑郁症所造成的生活功能下降是所有疾病中最严重的，因而它是一个需要庞大社会经济成本的疾病。抑郁症有个绰号叫"精神疾病中的感冒"，可说是最普遍的心理疾病，全世界的抑郁症患者大约占总人口数的百分之三。抑郁症的发病概率，女性高于男性。一生中得抑郁症的概率，女性为百分之十到二十五，男性则为百分之五到十二。

首先要区分抑郁心情与抑郁症。抑郁是人类自然情感的一部分，当面对失落或挫折时，抑郁是再正常不过的情绪反应，一般而言只需时间来调适，并不需要医疗的协助。而抑郁症被定义为一种疾病，是指一个人的抑郁程度与持续时间超过了普通人会有的反应，一般抑郁心情会在一到两周内逐渐恢复，而抑郁症的心情低潮则可能长达数月至数年，且除了抑郁心情，还必须有其他症状才可能符合抑郁症的诊断标准。

心理学小词典

季节性情感障碍：人到了冬天容易忧郁？医学博士诺曼·罗森塔将这样的现象描述为"能量危机"。根据他的研究，在高纬度的国家，冬季日照明显较少，日照时间较短的日子，因阳光微弱而影响脑部松果体中褪黑激素之分泌，而容易导致抑郁症，也称为冬季抑郁症。

抑郁症有哪些症状

抑郁症的症状大概可分为**情绪**、**认知**、**生理**三大类。情绪症状较为一般人所知，包括忧郁、悲伤、沮丧、罪恶感、哭泣等情绪，某些类型的患者表现出来的则是易怒与缺乏耐性（青少年特别常见）。认知症状是指自我贬抑、悲观、死亡意念或自杀意图等负面想法，以及专注力、记忆力等认知功能变差。生理症状则包括食欲改变（吃不下或吃太多，通常体重会有明显变化）、睡眠改变（睡不着、嗜睡，或提早醒来）、动机改变（对一切缺乏兴趣，平日喜欢的事物也不再有吸引力，严重者可能卧床数日什么都不做）、长期疲惫或缺乏活力等等。

若同时具有三大类症状中的多数，并且持续时间超过两周，就有抑郁症的可能性，建议寻求医疗机构的专业判断与协助。但若是因为亲人逝世后产生的抑郁症状，则是人之常情，不在此列。面对此类失落所产生的伤痛，主要还是依靠我们心灵的自愈能力，通常需要三至六个月的悲伤历程，更长的恢复时间也非罕见，只有在事过境迁半年后，当事人仍无法回到基本生活状态时，才需考虑寻求专业协助。

❀ 抑郁症和躁郁症

另一个知名度颇高的心理疾病称为躁郁症，读者不时就能在媒体上看到这个疾病标签，然而这也是广泛被误解的疾病之一。或许是躁郁症名称里有个"躁"字，容易让人联想到暴躁易怒或情绪化的行为，然而实际上有上述现象的人，很有可能只是品行未达社会的道德标准，还够不上疾病的程度，真要说心理疾病的话，抑郁症的可能性还大于躁郁症，因为烦躁易怒在抑郁症早期是很常见的，到了抑郁症转为中度或重度，才比较偏向消沉的样貌，因为连把情绪表达出来的力气都没了，别说生气，连眼泪都流不出来。

一般临床专业将躁郁症视为抑郁症的一种特殊形式，但两者病理机制不同，临床上的症状与治疗也颇有差异。躁郁症的正式诊断用语为双极性疾患（Bipolar Disorder），意指患者时常摇摆于情绪的两个极端，此一时天堂，彼一时地狱。躁郁症与抑郁症同样都有一段时期的抑郁症状，但躁郁症患者的特别之处在于每隔一段时间就会"躁症发作"（Manic Episode），临床上以"郁期"及"躁期"来区分患者正处于哪个阶段，若将郁期比喻为深邃冰冷的幽谷，躁期就像在辽阔的高原上如沐春风、君临天下。

处于躁期的患者主观上的感受大多是正向愉悦的，有用不完的充沛精力，不眠不休好几天都没关系，脑中充满绝妙的灵感，完美计划毫不费力地到来。他们变得非常多话，但主题跳来跳去让人跟不上他的思绪。他们自我感觉超级良好，觉得自己无所不能，正处于人生巅峰期；自大傲慢的态度常令旁人反感，特别是发言常带着挑衅与鄙视的意味。他们不顾后果地追求更刺激的体验，透支信用卡、吸毒酗酒、在公路上飙车、寻求一夜情……

患者的幸福幻觉不久后开始消退，躁期过后，通常已惹了一身麻烦。曾有个案例，当事人在躁症发作时自认是投资之神，辞了工作后又开始大笔融资，躁期结束后面临失业并欠下一屁股债务。更麻烦的是，躁症发作时身边亲友对他苦口婆心地劝阻，都被解读为对自己天赋的嫉妒，而报以冷嘲热讽，他把能得罪的人都得罪光了，之后也没有脸再去开口求助。回想起自己之前不可一世的样子，就像穿着新衣的国王突然发现自己赤裸着身体，自惭形秽到想去撞墙，这种羞愧感很快把他带入下一个阶段的郁期。

抑郁症和躁郁症该如何治疗

经过上述介绍后，应该不难区分抑郁症与躁郁症两者的不同，接着进入治疗的部分。抑郁症的治疗大致分为药物治疗与心理治疗两类，研究文献的结果显示两者各有利弊：抗抑郁药物对于缓解症状较快，心理治疗预防抑郁复发的效果较佳。虽然有研究显示药物心理双管齐下的效果最佳，但实际上只有少数病人能享受如此高规格的待遇。具体而言，目前到医院求诊的抑郁症患者几乎都以药物治疗为主，结合药物与心理治疗者与单纯接受心理治疗者，不及两成。

抗抑郁药物虽有快速消除症状的优点，但所谓的"快速"与消炎止痛药相比只能称得上是"龟速"，抗抑郁药物一般要连续服用两周以上才会出现效果，并非想象中吞了药丸就能立刻见效。刚开始服药时，多数人会有程度不一的副作用：头晕、嗜睡、反胃等症状都很常见，想要达到最佳疗效，通常需要经历数周的药物调整期，这个时期很容易对药物产生排斥感，但若能进入稳定服药的阶段，则会有明显改善。

基于各种因素，例如害怕依赖药物、女性准备怀孕、无法忍受副作用等等，不想接受药物治疗的抑郁症患者也不在少数，此时心理治疗就是另一个有效的选项。心理治疗基本上是由受过训练的专业人员，运用心理学的知识技巧提供协助，然而心理治疗要产生令人满意的疗效，变量与限制都比药物治疗复杂得多，我们后续将深入讨论心理治疗议题。

抑郁症的成因可概略分为生理与心理两类，心因性的抑郁症，也就是主要由人际问题或生活压力所引发的抑郁，比较可能从心理治疗中得到助益。若是生理因素为主的抑郁症则是药物治疗比较适用，例如内分泌失调型忧郁（甲状腺功能异常、女性更年期或产后抑郁）、季节型抑郁（纯粹由四季变化所引发）。当然，生理与心理有时无法分得清楚，往往是鸡生蛋、蛋生鸡的交互作用，这时由专业人员判断较为准确。

躁郁症的药物治疗通常是必要的，特别是在躁症发作的急性期，偶尔还需住院治疗，一来是某些治疗躁症的药物危险性较高，需要专业人员进行比较密集的观察与调整；再者住院也能预防病人在短时间内搞砸自己的生活圈。据了解，曾有一位艺人躁症复发，但未及时接受治疗。不断在博客上大放厥词吹嘘自己的才华，接连数次发表偏激、挑衅的言论，还惹来司法机关介入调查。经过住院治疗，情绪稳定后才公开道歉，但仍遭其经纪公司解约索赔，可见躁郁症的伤害性并不亚于抑郁症。

心理实验

贝克斯顿（Bexton）曾进行"感觉剥夺"实验：受试者需戴上半透明的护目镜，环境用空气调节器发出单调的声音，手臂和腿脚皆被固定，将其感官完全限制住，受试者在几小时后开始感到恐慌，进而产生幻觉。实验持续进行受试者会产生许多病理心理现象，实验也证明了缺乏与外界环境接触可能导致心理的异常。

（三）焦虑疾患：无止尽的恐惧

"焦虑"两字念来有些拗口，但人们对焦虑感必定再熟悉不过，也就是我们平常所说的紧张或害怕。从本质上来说，焦虑是当面对不喜欢的人、事、物时，所产生的一种逃避倾向。虽然焦虑往往带来不舒服的感受，但焦虑有其重要性，就生物演化的意义而言，焦虑协助人类远离可能危及生命的情境，使物种能够存活下来。

想象在好几万年以前,有一类天赋异禀的人带着某种基因,先天感觉不到什么叫恐怖,因而当洪水猛兽袭来时,这些"异类"并不像别人那样拔腿就跑,可想而知,他们多半凶多吉少。换句话说,他们没有太多机会成为你我的祖先。这就是为什么我们身体多半带着恐惧的因子,恐惧促使我们采取某些策略行动起来保住小命,虽然我们不喜欢它,却不能没有它。

在达尔文式简易模型的脉络下,另有一说,远古时代这群不知害怕为何物的异类里,仍有一小部分凭着过人的聪明才智,在物竞天择的洪流中存活下来。想象一下,如果这些"遗族"今日在你我身边,他们会是什么样的人?绝顶聪明加上超强的抗压性,可以预测不论在哪个行业都是最可怕的劲敌。这些人在现代可能被称为"精神病态"(Psychopathy)或"反社会人格"(Antisocial Personality),他们能为常人所不能为,例如企业总裁、政治领袖、职业杀手或智能型罪犯。

> **心理学小词典**
>
> 反社会人格(Antisocial Personality):常见于犯罪者的人格类型,特征是缺乏同理心与罪恶感,因而能够反复利用他人,屡屡犯下欺诈或伤害等罪行,毫无悔意。

我们如何定义"焦虑疾患"

回头继续谈焦虑,既然一般人都会紧张不安,精神医学如何定义"焦虑疾患"呢?焦虑的本质是担心害怕,要构成心理疾病的焦虑大致有两种情形,一种是"**害怕多数人不怕的东西**",一个极端罕见的例子是有位女艺人害怕"所有水果",她一辈子都没吃过水果,只要有人拿着水果靠近她就开始歇斯底里,比较常见的例子是"社交恐惧症"(Social Phobia):在社交场合会感到极度困窘与不适,没必要的话尽量不与他人互动,严重的患者连到商店购物都有困难。

另一种焦虑症的类型是"**对大家都怕的对象有异常的恐惧反应**"。异常指的是害怕程度远比一般人强烈,或害怕反应持续了过长的时间。一种称为"创伤后应激障碍"(Posttraumatic Stress Disorder,PTSD)的焦虑疾患,通常出现在重大灾害之后,例如,汶川地震,灾难幸存者通常心有余悸好一阵子后,就逐渐回到事发前的状态,然而创伤后应激障碍患者甚至在十几年后仍然噩梦不断,看到吊灯摇晃就拼命往屋外冲,就可视为异常的恐惧反应。

DSM系统里的焦虑疾患包含许多诊断,不一而足。除了上面提到的社交恐惧症与创伤后应激障碍,下面再介绍几种常见心理疾病,分别是"恐慌症"(Panic Disorder)、"强迫症"(Obsessive-Compulsive Disorder,OCD)与"广泛性焦虑症"(Generalized Anxiety Disorder,GAD)。这些耳熟能详的病名,也都属于焦虑疾患的范畴。

❀ 恐慌症:心理影响了生理症状

恐慌症的主要症状是**"恐慌发作"**(Panic Attack):突然出现强烈的生理不适,常见心悸、胸痛、窒息感、头晕、恶心、发抖、出汗等症状,并伴有强烈的恐惧感,感觉自己快要死掉、发疯、失控……恐慌症患者初期会跑遍医院各个科室,包括心脏科、胸腔科、新陈代谢科等,直到病理学检查都没有异常后才被转至精神科。患者通常很难接受自己得的是精神疾病,因为恐慌发作的感觉是如此强烈而真实,一点都不像是"心理的问题"。

幸运的是,恐慌症在精神疾病中算是比较轻微的,多数患者的愈后状态都不错。如果不把患者在其他科室求诊所耗费的时间算进来,恐慌症有可能在短时间内痊愈。笔者曾接触一位恐慌症患者,他花了整整十年时间来做各式各样的检查,坚信自己必定有心脏方面的问题,只是仪器检查不出来,最后终于到精神科求诊,经过一个月的心理治疗,不但症状痊愈,而且不需再服用任何药物,连患者本人都感到不可思议。

❀ 强迫症:仿佛被下了指令

强迫症有时会被理解为对某事异常的狂热或执着,但这并非全部。强迫症患者确实会有无法克制的重复特定行为（例如不停洗手），但这些行为不只是为了坚持某种信念，而是内在的恐惧使他们不得不做。引发恐惧的是各式各样的强迫意念，强迫意念有些勉强合理，如"环境中充满细菌，必须时时洗手才不会染上可怕疾病"，有些则荒谬绝伦，如"如果我不眨眼七下，家人就会意外身亡"。

这些强迫意念会不受控制地反复闯入脑中，而且理智起不了太大作用，不论患者相不相信自己脑中的这些想法，都势必感到强烈的恐惧和不安，就像脑中有个警报器响个不停。不论患者觉得那些意念有多可笑，此时唯一的选择是去做那些称为"仪式行为"的动作，如此才能减缓焦虑。遗憾的是这种效果往往是短暂的，要不了多久强迫意念又会再度光临，患者也只能一再重复仪式行为。

仪式行为可以对生活产生巨大影响，清洁型强迫症患者可能每个小时要洗两三次手，洗一次澡要洗三个小时，每个月要缴好几千元的水费；检查型强迫症患者可能在出门或入睡之前，要把一切可能发生危险的物品都检查几次，门窗、煤气、电器、各种开关等等，有时每天花上四五个小时都在反复检查。最令患者懊恼的是，他们自己也知道这些担心是不合理的，但就是停不下来。

大约有一半的强迫症患者渴望痊愈，但也有不少像慢性病一样需要长期治疗。目前强迫症的治疗方式，是以药物控制症状，加上心理治疗。研究显示，认知行为取向的心理治疗有一定疗效，但由于治疗过程需忍受很大的痛苦，而且需要很强的动机与努力才能从心理治疗中获益，因此患者配合的意愿并不高，多数人选择以服用药物的方式控制病情。

心理学小词典

仪式行为：强迫症的外显症状，患者会出现各种特殊的行为，来降低强迫想法带来的焦虑，以避免想象中的灾祸发生。仪式行为之命名，是因其如同宗教仪轨般，有抚慰内心不安的效用。

❧ 广泛性焦虑症：恐惧无所不在

最后来谈广泛性焦虑症，通过上面的介绍，大致可以了解焦虑症的分类，主要是依据"害怕的对象是什么"来界定，创伤后应激障碍怕的是跟灾难相关的刺激或回忆、社交恐惧症怕人、恐慌症怕的是不知何时又会恐慌发作、强迫症则是害怕强迫意念中的肮脏或意外。但是广泛性焦虑症患者比较特别，他们并不是特别害怕某种东西，更准确地讲，任何事物都有可能成为广泛性焦虑症的害怕对象，有时甚至找不到特别的原因，就只是无法停止的不安。

广泛性焦虑症的特征就是持续半年以上的过度焦虑，害怕的内容五花八门，生活中的芝麻小事都可能引发焦虑。曾有位四十岁患者一听到老婆咳嗽就紧张兮兮，担心她是否罹患了不治之症，患者还联想到将来可能要长期照顾卧病在床的妻子，或者老婆先走一步留下自己形单影只。在这个例子中，很平常的事便会引发患者的灾难化想法，忧虑像滚雪球一样越滚越大，无法自制。

除了焦虑的想法与情绪之外，广泛性焦虑症常见的症状包括坐立不安、容易疲倦、肌肉僵硬、烦躁易怒、睡眠问题等等。药物治疗通常以抗焦虑药物来缓解症状，而心理治疗则会提供放松训练与生理反馈，并辨识出引发焦虑的主要情境与想法，让患者学习控制焦虑与放松的技巧，若能勤加练习心理治疗的家庭功课，便能逐渐摆脱对药物的依赖，恢复较好的生活质量。

（四）精神分裂症：分崩离析的世界

精神分裂症是"Schizophrenia"的中译名词，源自希腊文的"分裂"（Schizein）与"心灵"（Phren）两字，在一九〇八年由精神科医师尤金·布鲁勒（Eugen Bleuler）所创，至今医学界仍沿用这个术语。这个专有名词存在着误导性，一般人在说"我觉得我有精神分裂症"时，通常是他意识到自己相互矛盾的方面（例如"有时喜欢热闹，有时只想独处"），要不就是意指"多重人格"这个另一种心理疾病——现在称作"分离性身份识别障碍"（Dissociative Identity Disorder）。

精神医学脉络下的精神分裂症患者，谈的是某个特定族群，这个族群就是讲到"精神病"三个字时，普通人脑中会出现的画面：举止怪异、自言自语、蓬头垢面，也称为"神经病"。精神分裂症属于最严重的心理疾病之一，被喻为"精神疾病中的癌症"，主要是它通常对患者产生巨大的影响，目前医学在治疗上也有许多"瓶颈"有待突破。

普通人得精神分裂症的概率低于百分之一，若在家族中有该病患者，血缘越近的成员得病概率越高，可见基因遗传有着相当大的影响力。精神分裂症的发病年龄平均在二十至三十岁，但也可能出现在学龄儿童或年长者中，在疾病的前驱期（Prodromal Phase）症状相当不明显，例如，学习或工作表现突然退步、情绪烦躁不安、疑神疑鬼、突然不爱跟人来往等等，常被亲友误认为只是压力太大或心情不好想独处，因而延误了治疗时机。

> **心理学小词典**
>
> **分离性身份识别障碍**：旧称"多重人格"的心理疾病。患者在主要人格外，还有其他"次人格"的存在，数量从一个至数十个，次人格可以有独立的姓名、年龄、性别、声调、笔迹，甚至连近视度数都与主要人格不同，颇具戏剧性，临床上极为罕见。

🌿 精神分裂症的症状有哪些

精神分裂症发病后有两大类症状，称为"正性症状"与"负性症状"。正性症状的意思是患者"有一般人所没有的"，包括各式各样的幻觉（以幻听最为常见）与妄想（被害妄想最为常见），幻觉与妄想会严重影响患者的情绪与行为，想象有一天突然发现家人与同事都是安全局派到你身边的卧底，还不时在脑中听到他们通过无线电讨论怎么折磨你，那种天翻地覆的感受就是多数患者的心境。

正性症状非常多样化，幻听可能是细微的杂音、脚步声，听到有人叫自己的名字，有声音指使自己做某些行为，许多人在交谈，等等，也有产生视幻觉或触幻觉的情形。妄想的形式更是多样：伴侣出轨不忠，艺人明星暗恋自己，亲友想谋财害命，某个组织正监控自己，被外星人植入芯片，自己是耶稣转世或天纵英才来拯救地球，等等。

这些妄想通常没有事实依据，但患者本人却坚信不疑，若旁人试图戳破患者往往是徒劳，只会引发愤怒或退缩的反应。

负性症状则指患者缺乏"一般人都有的"，在慢性精神分裂症患者身上非常普遍。他们变得沉默，即便说话其内容也很空泛；对外在刺激反应不多，情感表现淡漠，对社交活动没什么兴趣。最令患者家人苦恼的莫过于患者不再重视个人仪表与卫生，不洗澡可能逐渐变成常态，就算发出异味患者本人也毫不在乎。负性症状让患者看起来像"失去灵魂的空壳"，他们可能持续非常长的时间什么也不做，不少患者最后成了无业游民。

为什么会发生精神分裂症

精神分裂症如此具有破坏性的原因，是患者不单是心理出了问题，更可以说是一种脑部疾病。患者的大脑会随着病程发展而持续受损。研究显示，他们通常有脑室扩大的现象（代表脑细胞减少），特别在脑部最重要的前额叶有受损的情形，前额叶被喻为大脑中的 CEO，人类的许多行动与决策都由前额叶负责，若是大脑少了这个领导者，就会造成一个人不知道要做什么，也不想要做什么。

由于脑部功能异常是主要的病理现象，在调节大脑这档事上，药物是比较有用的，也是治疗精神分裂症不可或缺的，多数患者可经由药物治疗来稳定症状，少数可达痊愈。纵使如此，在治疗过程中常遇到的难点，也是精神分裂症的特征之一，是患者通常不觉得自己生病了（专业术语叫缺乏"病识感"），因此他们也不认为有吃药的必要，除非威逼利诱或偷偷下药，而患者自己很难规律服药，这也是造成治疗效果不理想的主因，若有必要则要考虑住院治疗。

在精神分裂症的治疗中，心理治疗通常是辅助性角色。一般而言患者的病情很容易受到压力影响而恶化，因此心理治疗主要是教导患者预防与排解压力，或使患者学习更好的社交技巧来与亲友互动，这些都有助于病情的稳定。少数功能较佳的患者能够学习分辨症状与现实的不同，逐渐摆脱妄想的控制，或与症状和平共处，达到接近正常人的生活水平。

精神分裂症本身充满戏剧化的因子，因而颇受艺术创作者的青睐，相关电影不乏巨星主演的经典之作，例如一九九九年布莱德·彼特的《搏击俱乐部》(*Fight Club*)、二〇〇一年罗素克洛的《美丽心灵》(*A Beautiful Mind*)都相当精彩，近年来则有杰米·福克斯的《独奏者》(*The Soloist*)、莱昂纳多·迪卡普里奥的《禁闭岛》(*Shutter Island*)，娜塔利·波斯曼的《黑天鹅》(*Black Swan*)等作品，均获奖无数，值得一看。

> **心理学小词典**
>
> 病识感：指病患对于自己生病这件事的了解程度，精神分裂症患者一开始通常以为幻觉与妄想的内容都是真实的，却不知是自己生病所致，这就是病识感不佳。相较之下，强迫症患者往往有不错的病识感，他们很容易觉察自己思考与行为的荒谬，他们知道自己病了，只是无法加以控制。

（五）失智症：陷入记忆的迷宫中

我国台湾地区二〇一二年的老年人口与幼年人口比例为一比一点五，而高龄化社会首当其冲的问题，是老年人通常有大大小小的健康问题。失智症就是老人常见的精神疾病，它之前叫作"老人痴呆症"，近年来才在去污名化的运动潮流下得到正名。据估计到二〇六〇年，台湾将有高达八十万名失智症患者，对于目前二十到四十岁的青壮年人群来说，老年人的照顾养护将是越来越多的人不可避免的问题。

年龄越大，患上失智症的概率也越高，六十岁以前发病的例子相当少见，但八十四岁以上老人中就有百分之十以上的失智症患者。失智症是一种脑部疾病，严格说来是一组综合症状，许多因素都可能造成失智，例如，中风、脑部受伤、细菌病毒感染等，但最常见的仍是大脑萎缩或退化的疾病，例如，阿兹海默症与帕金森症的患者，晚期多半会演变为失智症。

🌿 失智症的三个阶段

失智症早期症状是记忆力退化，由于老人家多半记性不好，因而失智症不易在早期被发现。若只是新的东西记不住或想不起人名，还属于正常范围，若是反复问同样问题或是忘记关煤气，就需留心，可能是记忆力受损的前兆。失智症基本上无法痊愈，只能通过药物来控制症状，以延缓大脑受损的速度，由于越到病程晚期治疗效果越差（与精神分裂症相同），所以越在早期诊断出疾病越好。

失智症发展一般有个固定顺序，最开始是搞不清楚时间，如果问他现在是何年何月何日，答案很离谱或完全答不出来，通常已经是轻度失智；接下来是搞不清楚地点方位，如果连很熟悉的地方（例如附近的市场）都会迷路，很可能到了中度失智，多数患者是到了这个阶段家人才警觉需要就医；到了重度失智则是连亲友都不大认得。是以用"时间""地点""人"三个指标，能够粗略分辨患者目前属于哪个阶段。

失智症在轻度至中度的时期尚能保有基本的生活功能，但到了后期可能会让照顾者感到心力交瘁。一方面患者变得越来越不像他自己（大脑退化可能使性格剧变），再者吃饭洗澡全部依赖他人照料，除了基本的生物需求，能够被称作"人类"的部分渐渐所剩无几。可想而知，照顾失智症患者本身就是一种慢性压力，甚至有研究显示照顾失智症父母或配偶的人普遍有相当明显的焦虑与忧郁，然而照顾者的各种需求却是最容易被忽略的一环。

心理学小词典

阿兹海默症：德国心理学家亚罗士·阿兹海默于一九〇六年，解剖了一位五十多岁、死于快速智力退化疾病的女性，在她的脑中发现了各种特殊的病理变化，为了纪念他的发现，因而将此症以其姓氏命名。

❧ 照护失智症的准备

失智症的照顾者特别要注意不能走到身心耗竭的地步,每个人的心理资源都是有限的,超过负荷就会出现身心压力反应——烦闷、倦怠、厌烦、易怒、失眠等等,都是心理资源不足的早期警示,提醒我们该充电了,若是拖到出现抑郁症状(特别是无力、无助、无望的感受),可能就像电池开始劣化,怎么充电都回不去了,此时照顾者本人可能需要求助于专业人士。若经济条件允许,也可考虑他人看护的方案。

长期照护应该避免单打独斗,必须有人可以交替,以争取喘息的空间。充电的诀窍是要有一段自己的专属时间,不必扮演任何角色,单纯享受无所事事的乐趣(对某些人来说也许需要练习),或者随兴做任何自己想做的事。喝下午茶配甜点,看看小说或DVD,悠闲地散步或骑单车,在海边发呆整个下午,加几滴精油泡热水澡都行;在不造成额外压力的前提下,喜欢热闹的人不妨约三五好友聚餐唱歌、看看球赛,不失为舒压的良方。

回头谈失智症本身,虽然目前仍没有治愈方法,然而想要早期预防是有希望的。研究显示中年时期每周规律运动两次的人,得失智症的概率与一般人相较低了六成;采用地中海饮食(多鱼少肉、多蔬菜坚果)可预防包含阿兹海默症在内的多种慢性疾病。资深神经外科医师许达夫因罹癌投入自然医学领域,他曾推崇"亚麻仁油"对于脑部的滋养修复功能,许多研究还显示补充 γ - 亚麻油酸对各种慢性病与癌症有所助益,亦可作为饮食的参考。

学科 2 临床心理学 vs 心理治疗

心理治疗似乎是件神秘的事儿,提到它时人人都有不同的画面与想象。本小节将聊聊心理治疗的二三事。首先,关于"应该找谁做心理治疗"这个问题,一般直觉的答案是"心理医生",然而若是曾上网搜寻信息的人就知道,这个关键词找不到太多资料,问题出在哪儿?

（一）心理问题要看心理医生吗

英文中常把提供心理治疗的人称为"治疗师"（Therapist），通俗的说法叫"Shrink"（略带讽刺的叫法，有一说是把头勒紧之意）。不同职业类别的人都可能被通称为心理治疗师，如果是在医院，心理治疗的服务通常由两类医务人员提供，首先是"精神科医生"，他们在医学系毕业后取得医生执照，再取得精神科专科资格；而另一类是临床心理师，他们具有临床心理学硕士学位，并取得临床心理师执照。

上述两种医务人员通常都隶属于精神科，也同样可依法进行心理治疗，然而两者的训练背景却大不相同。精神科医师接受医学训练，主要专长于精神疾病的诊断与药物治疗，某些对于心理治疗特别感兴趣的医生，会进一步提升心理治疗的专业水平；临床心理师则是接受心理学训练，熟悉心理学的原理与技巧，专长于心理评估与心理治疗，限制是无法给病人开药。

简而言之，心理治疗是临床心理师的正规训练中不可或缺的一部分，但并非精神科医师需要必备的技能。在医疗实践上，二者多采用分工合作的模式，精神科医师主要负责门诊业务，以药物治疗为主，视病情需要安排后续治疗；临床心理师主要接受精神科医师的转介，进行心理评估与心理治疗。有部分医院的临床心理师提供独立的咨询门诊，亦有少数临床心理师自行开办心理诊所。

🌿 简述心理治疗的流程

心理疾病患者接受心理治疗的一般途径是先到精神科看诊，医师评估整体情形后，再另外安排时间进行治疗，少数精神科医师可能亲自提供心理治疗，多数则是转介交由临床心理师执行。

谈完制度层面后，接着是实践层面。如同前面几章所介绍的，心理治疗有着形形色色的学派，彼此观点大相径庭，要详细讨论细节实属不易，但仍有一些大致的通则可以介绍。首先是现实层面的经济考量，心理治疗通常是慢工出细活，只有极少数个案能在短期获得大幅度进步，一般要八至十二次的疗程（两至三个月）以上，才能有比较稳定的疗效，然而这超出多数医院所提供的保险给付次数，是以想接受比较完整的心理疗程，可能会有一笔额外的经济负担。

（二）心理治疗真的有用吗

什么样的人适合接受心理治疗？以成人为例，能从治疗得到最佳成效的个案，通常具有相当的"开放性"与"改变动机"。开放性意指没有强烈预设立场，真正的心理治疗多少与一般人想象的有所出入，治疗师的专业判断也未必完全符合患者的期待，此时如果能用开放的态度来接受治疗，就能让治疗过程没有阻力地运作。当然，心理治疗有时也讲磁场默契，通常没有对错，只有合不合适，假如真的觉得无法接受治疗的形式，大可在会谈中提出讨论，专业的治疗师能够判断是否需要修正方向，或转介给其他治疗师。

改变动机影响成效

治疗能够持久有效必定涉及"改变"。心理治疗通常会引导患者以新的方式来感觉思考，或训练个案养成某种新行为，这代表接受治疗的人可能有好一阵子会在旧习惯与新习惯间来回摇摆，想象左撇子的人突然要改成右手刷牙或吃饭，陌生的不适感总会使我们有回到老样子的冲动，此时个人的"改变动机"就扮演着关键因素，足以左右疗效能到达何种程度。

改变动机另一个层次的意义，代表着个人愿意为自己的现况负起多大的责任。有一类只喜欢"谈论"自己不幸的个案。他们不厌其烦地细数他人如何辜负自己或是种种症状带来的不适，换句话说，他们只认同自己是外在境遇的"受害者"，当邀请这类个案突破旧有视角时，常常遇到很大的抗拒，或在坚持有益的练习上缺乏动机，因而他们能从治疗得到的帮助可能是很有限的。

心理治疗有许多不同的取向，可比喻成各式各样的特色料理，最终的功能可能都是填饱肚子，然而所需时间、口味或是费用都可能颇有差异。此外，料理的手艺虽有高下之分，有时却是青菜萝卜各有所爱，有人需要的只是几十元的排骨便当，也有人愿意花上千元享受一顿，刀工火候都得讲究，因而若是服务端与客户端的需求对不上，满意度可能大打折扣。

如果选择精神科医师进行心理治疗，有较大可能是心理分析取向（或称心理动力）。分析取向着重在解析潜意识，治疗师的工作是不断将被忽略或压抑的心理素材呈现出来，带领患者逐渐挖掘认识深层自我。疗程视情况而定，半年到数年都有（通常需要二十次以上）。一般而言，接受过高等教育、无经济负担、擅于口语表达、具一定内省能力与挫折忍受度者，比较容易从分析取向的心理治疗获益。

如果选择临床心理师进行心理治疗，常见的是认知行为取向。认知行为治疗相对而言比较结构化，通常会针对某个症状或诉求，系统化地解决问题，认知行为治疗需要患者练习某些任务，八至十二次的疗程最为常见。一般而言，经济能力有限、有特定症状或主诉问题、本身有一定自主管理能力者，比较适合认知行为治疗。

上述的治疗取向只是以大概的趋势作为参考，实际上没有一定的具体区分，实际上也远不止这两种学派。治疗的形式有许多种类，并非都采取一对一方式进行，比如伴侣或亲子一起治疗，或很多人共同进行团体治疗，治疗师人数也可能不止一位。多数治疗是静态的形式，但某些治疗可能需要配合动态的活动，甚至离开治疗室到特定场所进行。当然，接受治疗的人有权了解自己正在接受什么样的治疗，也随时保有退出治疗的权利。

医疗场域的服务对象多半是心理疾病患者，但一般人在生活中也会有各种心理困扰，这时可以考虑心理咨询的服务。中国台湾各地都有社区卫生服务中心与生命线协会，也有私人的心理治疗所或心理咨询所。只要是合法运营的机构，治疗师的资格通常不会有太大问题，为了保障自己的权利，建议事先问问治疗进行的形式与费用，也可请机构依个人需求和预算推荐治疗师。

心理学小词典

改变动机：一个人想要真正有所改变的意图有多强烈，以及愿意为此付出多大的代价。

学科 3　健康心理学教给我们的事

中医典籍《黄帝内经》中有句话："上工治未病，不治已病"，意思是说最高明的医师，应该是在身心不调具体显化为疾病之前，就能及早将其恢复平衡，这就是预防医学的概念。目前西方医学的病理检查仍然有其局限性，大多要等到"已病"才有对应的方案，对还没达到疾病标准的"亚健康"状态，并无具体可行的措施。

所幸，有一位高明的医师，他时时刻刻关注你，在还没有恶化到需要治疗之前，就能适时给出提醒，那位"上工"就是你，事实上，也只能是你自己。前些年有一套畅销书名为"求医不如求己"，姑且不论书中具体内容，光是书名传达出来的，就是相当积极的力量。唯有能够认清，这世界上不可能有一个人比我更有能力关心自己、更能帮助自己，我们才能停止把问题丢给医生，真正为自己的健康负起责任，这个心态的力量有时远远超过专业知识与技术。

（一）预防重于治疗的心理学取向

当然，想要更有效地帮助自己，知识也是必需的，这也是你为什么要花费宝贵的时间一路看到这里的原因。在介绍完常见的精神疾病后，接着要进入健康心理学（Health Psychology）的范畴，广义而言，只要与身心健康相关的主题，像压力、饮食、睡眠、烟酒、运动、免疫力、疾病、疼痛不适等，都可纳入健康心理学范畴，这里对于健康的讨论不再局限于心理疾病，而是包含了每个人生活中的实际方面。

健康心理学认为治疗疾病固然重要，但这应该是基础，真正的健康不止于此，尚有更多值得我们投资之处。多数人应该会同意把健康定义为：不为病痛所苦、吃得香、睡得甜、精力充沛，还能勇于面对生活中的挑战。

（二）睡眠：失眠也是病

现代社会想要一夜好眠、醒来精神饱满，已经是种奢侈的享受。人类似乎是自然界唯一会失眠的生物，除非进入人类的生活圈，否则一般动物几乎不会有睡眠的困扰。这暗示着我们，失眠的主要成因也许就来自人类与动物之间的差异。首先是人最为自豪的思考，思考在将人类推上竞争力王座的同时，也带来许多的副作用，失眠算是其中不太严重的一种。

其次是文明，人类能够无视自然规律而活，日落后有灯火照明，疲倦了有咖啡提神。不受限于"日行性"是人类的特权，我们克服睡意如同克服地球引力。许多文明产物都可能影响睡眠，包括工作形态（值班加班、劳心多过劳力）、食品饮料（咖啡因或其他添加物）、休闲娱乐（熬夜玩乐、强烈声光刺激），除此之外，不少精神疾病都伴随着睡眠问题，这也有一部分是文明的产物。

判断睡眠异常的指标

睡眠异常指的是：（1）难以入睡；（2）中途易醒；（3）比预期提早一到两个小时醒来；（4）极度浅眠；（5）疲劳无法消除；等等。一般而言，只要没有严重到影响日常的生活与工作，或者睡眠异常只持续了几周，就不需要持续特别的治疗，多数人的问题会自动改善。假如睡眠异常已经超过一个月没有自动改善，我们建议先咨询医生，判断睡眠问题可能的成因，各大医院的睡眠中心、身心内科、精神科等部门都可优先考虑。

睡眠异常是个复杂的问题，有时可能还牵涉到神经内科、胸腔科、妇科、泌尿科等其他生理疾病，需要专门的检查才能知道需要何种协助，因为与其他疾病相关的睡眠问题，仍然需要专业医疗的处理。例如有一类的睡不好是因为得了"呼吸中止症"（睡眠时因呼吸道产生堵塞而引发暂时性窒息），严重时需要用辅助仪器或外科手术来治疗，这就只能到医院处理才会有较佳疗效。

此外，如果睡眠异常是心理疾病的附带症状，那可能要优先处理疾病。在内科的门诊中，不少病人的主要困扰是失眠，其实真正问题是抑郁症或者焦虑症，如果患者本身还没有准备好要面对真正的问题，光是针对失眠来处理，效果往往不明显，到后来往往只能吃更多的安眠药来缓解。在这种情况下，睡眠就成了一种逃避情绪问题的方法，这并不是一种恰当的态度。

🌿 提高睡眠质量可以这样做

一般人如何能睡得更好？首先要调整那些不利于睡眠的生活习惯。许多人都习惯喝含有咖啡因的饮品，除了茶与咖啡、巧克力饮品、碳酸饮料，少数花草茶也含有咖啡因（如马黛茶）。此外市面上许多能量饮品还额外添加提神的成分（牛磺酸、B 族维生素群等等），这些添加物都可能影响睡眠，建议饮用前确认产品的成分标示，并尽可能在中午以前饮用。人体代谢咖啡因一般需要八小时以上，如果体质特别敏感，最好完全戒除咖啡因。

睡前一杯酒似乎让人睡得更好，酒精确实有帮助人放松的效果，因而对于不易入睡的人群有帮助，然而后续的化学机制却会干扰深层睡眠，让人浅眠与易醒，造成睡眠质量不佳；另一方面，酒精本身的利尿效果也可能让人半夜跑厕所。长期使用的话，酒精会逐渐出现耐受性，也就是需要越喝越多才能达到微醺的效果，对于健康反而弊多于利，整体而言并不推荐以酒助眠。

另一个普遍的不良习惯是电子产品的滥用，由于强烈的声光刺激使大脑处于兴奋状态，目前热门的"3C 产品"就是这些刺激的主要来源，包括电视、计算机、智能型手机、平板电脑等。虽然"低头族"已成为年轻一代的主流，但睡眠质量不佳的人在这些产品的使用上应有所节制，至少在睡前一小时停止使用各类电子产品。如果一时戒不掉睡前的电视，可改为静音收看，降低刺激。

提升睡眠质量的两种法则就是"**规律**"与"**弹性**"。

第一种规律，属于时间上的规律，原则就是避免每日作息发生太大的变化。有时周末休息的人会在周五、周六晚上比平时晚睡一些，隔天睡到接近中午起床，到了周一早上才觉得早起特别痛苦，这就是睡眠规律的生物钟被破坏的结果。理想的作息是起床与就寝都在固定的时间，这是为良好的睡眠打下了生理基础。

第二种规律，在先前行为主义的篇章中，我们知道任何行为都可以通过制约来形成习惯。要养成躺上床就入睡的习惯，最好的方法就是"专位专用"，除了睡觉与亲密行为，避免在床上从事其他活动（看电视、阅读、工作），最佳的安排是将整个卧房独立出来。经过一段时间，我们的身心状态会将卧房或床铺与放松休息的感受联系起来，制约形成后便有助于睡眠，这是第二种规律，空间的规律。

第三种规律，称为程序的规律，专有名词叫"睡眠仪式"。睡眠仪式也是制约原理的应用，如果我们固定在睡前做某些事情，一段时间后，当我们做这些事情时就会出现睡意。以预定十一点入睡的女性为例，可从九点半开始逐步进行睡眠仪式，包括降低房间的照明度（黄色间接光源为佳）、随意翻阅不必动脑的杂志、洗澡（泡澡）、例行保养、适度伸展或按摩等等。睡眠仪式就是酝酿睡前的氛围，让身心得以不疾不徐地进入休息。

谈完"规律"之后，接着介绍"弹性"法则。这是特别推荐给具有完美主义倾向的人——凡事讲求标准、擅于解决问题；假如你熟读上面说的三种"规律"，把每一项都做到完美，但睡眠还是无法改善，那"弹性"法则可能就是你所需要的。这里首先要明白一件事，改善睡眠这件事有点像种花草，能做的通常是外围的事。我们提供日照、养分与水，减少虫害等不利因素，但是如何成长或开花与否，多数是由自然来决定的，人为涉入太多的结果很可能是揠苗助长。

同样地，对于睡眠我们能够做的是建立规律，但何时入睡、睡多长时间、何时睡醒，并非我们能全然决定的，还要视身体本身的需求与节奏而定，也是因人因时而异。有一类的失眠并非真正失眠，反而是个人对睡眠的要求太高（例如每天都要睡得好、一定要睡足八小时等），如果达不到这个标准，就会焦虑不安，觉得哪里不对劲，到头来反而是自己对睡眠的忧虑影响了睡眠质量，这就是缺乏"弹性"所致。

"规律"与"弹性"像是跷跷板的两端，两者取得平衡就是身心和谐的秘诀。我们或许需要努力克服不利于睡眠的因素，养成有助于睡眠的习惯，但对于结果也要有些耐心与弹性。如果我们已经尽了一切努力但结果不如预期，此时就要学会放手，即使在彻底失眠的夜晚，我们仍然保有选择的权利：是要整夜与失眠搏斗后丧气，还是在天亮前悠闲地看场电影。

（三）压力：困境的考验

不论王公贵族还是贩夫走卒，每个人的生活都存在着压力。压力的存在促使我们必须改变。好的方面，压力让我们不断进步，超越困境，不好的方面，压力让我们力不从心，精疲力尽。不论开心与否，都要学会与压力共处，有趣的是，压力这回事有相当大的个体差异，同样的事儿对你来说是芝麻绿豆大，对我来说可能是惊天动地，其中的差异相当值得探究。

许多事件都会带来压力，诸如丧偶、离婚、负债、失业、面临法律问题等，都足以让一般人产生相当大的心理负担。此外，并非只有负面事件会带来压力，包括结婚、怀孕、搬家、升迁，甚至连工作表现特别突出时，也都可能让人感到不轻松。常听到用"抗压性"高低来描述一个人能够承受压力的程度，实际上，压力能否击倒一个人，牵涉到的因素相当广泛。

❀ 为什么压力让你喘不过气来

影响主观压力感受的一个重要因素是"**控制感**"，也就是这个情况你觉得自己能不能应付得来，有时不一定跟真实的能力有关，而是一种自我效能感。举个极端的例子，猛虎固然可畏，但初生牛犊不怕虎，是因为小牛并没有先入为主的恐惧，觉得眼前的猛兽是自己应付不来的，而往往就是这股信念或傻劲，让人无所忌惮地发挥所有潜力，逢凶化吉。

由上面的例子可知，当我们专注在可能发生的不好结果时，有时会自我设限，徒增压力。另一种情形，是我们想要的远超过自己能力所及，比如买房子这件传统认为的"基本而必要"的事，按照目前台湾的薪资结构与房价来看，是多数人不能负担的，买房子势必会带来长期不可避免的经济压力，此时比较聪明的做法是暂且跳出"基本而必要"的思维，重新评估这件事对于人生的必要性。

> **心理实验**
>
> 　　特理普利特发现别人在场或群体性的活动会明显促进行为效率。他设计了三种骑车情境：一为单独骑行，二为有人跑步陪同，三为与其他骑车人同时骑行，结果发现单独计时平均时速为二十四英里，跑步陪同时速为三十一英里，与人同骑平均时速为三十二点五英里。而此结果又称为"社会助长现象"。

　　压力也与我们为何要做某件事的动机有关，如果动机是出于"不得不"——除非我达成某种状态，否则就会发生不好的后果，或得不到想要的结果。像是"没车没房的男人是个失败者""考不上研究生就别想找到好工作"这类想法，就属于"不得不"的动机，如果生活中大部分是基于这类动机的人，不论成功与否，他的心理压力指数必然激增。

我们该如何面对压力

　　我们可以把压力事件当作"机会"——可以在学习方面有所收获或带来额外的收获，又或许根本不太在意结果，只是带着好奇心去经验与探索。在没有得失心与价值判断下，不是为了得到某种结果而做，就只是单纯地进行尝试，以这种心态做事时，往往少了压力，多了惊喜。简单说来，赤子之心是压力的天敌，功利主义则是压力的好伴侣。

　　压力的应对方法有千百种，一般有两大类："解决问题"与"调适心情"，正视所面对的压力是何种类型。如果压力来源是可改变的，你需要的可能是增进工作能力、加强沟通技巧或寻找可用的资源，解决引发压力的问题后，压力自然也随之解除。若非一时半刻能解决的事，就要聚焦于现阶段可行的改变，并时时提醒自己已改善的状况，合理的进度表能够大幅度减轻心理压力。

　　如果压力的来源是不可抗力的天灾或失落，也就是基本上无法做些什么去改变压力源时，你需要做的就是调适心情。这并不意味着在难过时要强颜欢笑，或非得用"生气是拿别人的错惩罚自己"这类格言来说服自己不要动气。相反，调适心情推荐采用顺势疗法，也就是难过时就找人诉苦、大哭一场，愤怒时可以打打枕头、通过体力活动来宣泄压力，如果在不伤害他人与自己的前提下，允许情绪自然流动，身心会比较容易恢复平衡。

在本章结束前，我们将引用美国神学家雷茵霍尔德·尼布尔（Reinhold Niebhur）著名的平静祈祷词，他洗练的箴言足以成为我们面临任何压力时的倚靠，祷词如下：

> 愿上帝赐我平静，接受我无法改变的事。
> 愿上帝赐我勇气，改变我能够改变的事。
> 愿上帝赐我智慧，能分辨这两者的差异。

3分钟心理学回顾

1. 抑郁症的成因有生理与心理两类,而其症状大概可分为情绪、认知、生理三大类。临床专业将躁郁症视为抑郁症的一种特殊形式,以"郁期"与"躁期"来区分时期。

2. 抗抑郁药物对于缓解症状较快,心理治疗预防抑郁复发的效果较好。

3. 恐慌症的主要症状为,在恐慌发作时会突然出现强烈的生理不适:常见心悸、胸痛、窒息感、头晕、恶心、发抖、出汗,并伴随强烈的恐惧感。

4. 强迫症患者无法克制地重复特定行为,不只是为了坚持某种信念,而是内在的恐惧使他们不得不做。

5. 精神分裂的"正性症状"指患者"有一般人所没有的",包括各式各样的幻觉与妄想。"负性症状"则指患者缺乏"一般人都有的",变得沉默,对外在刺激反应不多,对社交活动没什么兴趣。

6. 失智症是一种脑部疾病,中风、脑部受伤、细菌病毒感染等等都有可能引发失智,但最常见的仍是大脑萎缩或退化的疾病。

7. 提升睡眠质量的两种法则为"规律"与"弹性"。

8. 赤子之心是压力的天敌,功利主义则是压力的好伴侣。

Day 4
心理学语录

万物皆渴望它所缺少的东西。——柏拉图

心理学家犹如心理的显微镜,他们可以极大地放大我们的日常生活。——威廉·詹姆士

神秘主义是一扇通向看不见世界的窗户,而领悟通常隐匿着存在的方式。 ——威廉·詹姆士

人要获取一个"超信仰",虽无法被实践证实,但它可以帮助一个人使生活变得更丰富和美好。——威廉·詹姆士

播下一个行动,你将收获一种习惯;播下一种习惯,你将收获一种性格;播下一种性格,你将收获一种命运。——威廉·詹姆士

焦虑无疑是汇聚最多重要问题的关键所在,这个谜题的解答必将照亮我们心理存在的全部。——弗洛伊德

找出最适合做的事,并确保有机会做到这点,是通往幸福的关键。——杜威

我的一生是一个无意识充分发挥的故事。——荣格

当一个人意识到自己的缺陷,进而评价自己,这种意识与评价会成为心理发展的主要推动力量。——维果茨基

说来挺可笑的,人是世界上唯一自寻烦恼的动物。——弗洛姆

人是目的,永远不应该被当成一个手段。——弗洛姆

越做不好一般事情的人,就越胆大妄为。——贺佛尔

不是世界影响我们,是我们对世界的看法影响我们!——阿多诺

忧患是人们生存的重要条件。与忧患的正面交锋可以为我们驱赶厌倦感,使我们的感觉更加敏锐,并且保持人类生存所必需的压力。——罗洛·梅

不管命运如何限制选择,在人的生命中存在着选择。——罗洛·梅

一个人的意愿与生命中之必然互相冲突的时候，我们更深层的命运就会在此显露。——罗洛·梅

如果死亡不仅仅是灭绝的话，那么为死亡做最好的准备，就是运用创造力，竭尽所能地活出我们的生命，去经验和贡献我们能力所能够完成的事情。——罗洛·梅

生命的意义除了接纳无可改变的环境，并将之转变为自己的创造之外，别无其他。——罗洛·梅

没有一个心理现象能脱离生物学上所说的有机体，也没有一个心理现象能离开环境而发生。——布鲁勒

想要追求快乐，就应该培养社交技巧、建立亲密的人际关系与人际资源。——迪纳

谦虚不是把自己想得很糟，而是完全不想自己。只有谦虚地听取别人的意见，才能知道自己的不足。——卢维斯

人没有自主，必然没有快乐来源。——王浩威

DAY 5
第五章　从心理学看问题

在这一章里，我们将探索生活中一些被广泛讨论的问题，并试着从心理学的角度出发，提出较为全面的解读以及可用的建议，希望这些问题能让读者感兴趣，并且能获得实质的理解与帮助。

什么是 IQ 和 EQ，到底哪一个比较重要？

IQ 是智力商数（Intelligence Quotient）的英文简称，当我们在日常生活中使用到 IQ 这个词的时候，通常是用来说明一个人聪不聪明。IQ 这个名词早期由心理学家所提出，起因是受到法国政府委托筛选能力较差的儿童，才发展出了智商这个概念。起初概念很单纯，如果能够以一个数值来代表人的聪明才智，那么智力高低就像身高一样清清楚楚，要判断哪些儿童需要特殊教育就容易多了。

不久，心理学家就发现，这件事实际做起来真是困难重重。首先遇上的大麻烦就是关于聪明的定义，关于要用什么东西来代表智力众说纷纭，还要考虑怎么样才能准确地测量出"大家都不确定那是什么"的智力，这就好比一群瞎子摸完大象后合力做出的立体模型，然后每个瞎子还要一致同意"这个模型就是我刚才摸到的那只大象"，难度可想而知。

问题 1 聪不聪明怎么看：从量表定义 IQ

经过一百多年的努力，凭借统计学与心理测量学的技术，心理学家终于发展出几套具有公信力的智力测验，多数学者现在已经能够接受，这些测验所得到的分数（智商），在评估智力上有一定的代表性。然而智力测验仍然有它的局限，比如像艺术或体育这类特殊才能，或是生活里会运用到的社交技巧、情绪管理等能力，这些也都是聪明才智的表现，却不是一般智力测验所能测量的。

依智力测验种类的不同而有相应的计算方式，得出的数值也有不同意义。依据国内最常用的智力测验——韦氏智力量表为例，包含许多分测验（Subtest），目的是以多样化的方式评估各种认知能力，可以测量诸如语言理解、注意力、记忆、推理、手眼协调等基本能力，再将其总合起来计算一个整体智力商数（IQ），如果智商为八十五到一百一十五，代表智力属于正常范围，低于七十属于智力障碍，高于一百三十属于资赋优异。

常见的 IQ 测验应用

智商为我们判断智力提供了便利性，可用于筛选出特殊的儿童（包括智能障碍与天资优异）、社会福利政策的依据（身心障碍鉴定）、司法精神鉴定（心智状态评估）、医疗复健（如中风患者认知功能复健）等等。简言之，对于上述有特殊需求的族群（占总人口数的百分之五到百分之十），智力测验或智商有其存在的必要性，但对于百分之九十的人来说，IQ 的参考价值并不高。

首先，IQ 只有在青春期之后才趋于稳定。起相当多的研究证据显示，小学三年级以前所测出来的智商仍有很大变动空间，而越是资优的孩子，智力商数的变动也越大。再者，智力测验的得分其实受到许多非智力因素的影响，经典的心理学实验显示，如果一个老师"相信"他所教的是资优生（实际上是一般生），一个学期后他竟然真能提高学生的 IQ 分数。

问题 2　IQ 之外

心理学研究发现，智商"学业表现"或"职业成就"只有中等程度的相关性。IQ 比较接近一种基础的能力，相当于车辆的引擎、轮胎等配备，如果没有优良的驾驶技术，就算超级跑车也是枉然。心理学家发现除了智力以外，自制力更是"优良驾驶"必备的本事，专门术语称之为"延迟满足"的能力，也就是能不能暂时抗拒眼前的诱惑，先苦后甜的能力。

🍀 等一会儿再吃棉花糖的研究

典型的研究是以小朋友为对象。实验人员先给孩子一颗糖果，并告诉孩子如果能够等待一段时间再吃糖（一小时或一天，视年龄而定），他就能够得到两颗糖。研究者追踪几年后，发现那些能够得到两颗糖的孩子，长大后会有更好的学业成绩、更强的适应能力，以及更高的职业成就。换言之，小时候能够抗拒糖果诱惑的孩子，将来比较能够忍耐眼前所需付出的代价，以换得日后的成功。

有些父母对孩子的态度有求必应，长远看来无助于孩子的成长。自制力完全是可以训练的，延迟满足不仅能强化冲动控制的能力，也能提高挫折容忍度，这些都是迈向成功的必备能力。有鉴于此，心理学家认为网络时代最重要的负面效应，或许是需求太快得到满足：一旦习惯于网络游戏或交友平台的快速反馈机制，真实世界就显得步调缓慢与难以控制，令人难耐。

🍀 IQ 和教育间的相互关系

我们再回头谈智力与教育的关系。传统的义务教育就像 F1 赛事，赛制、场地与排名方式都有一定的规格，获得好成绩的关键是整体条件总的表现，唯有精良配备加上训练有素的车手才能够出类拔萃。可以想见，多数人在义务教育过程中都是挫折感多于成就感，在相对狭隘的评分机制下，各种能力均高的人才容易出线，而这种类型的人是相当少的。

每个人都有他独特的智力形态，并非人人都适合跑 F1 赛事。义务教育就好比把公交车、越野车、起重机、脚踏车等全部放在一个赛道进行比赛，无法做到对所有人公平。理想上，义务教育的功能应该是发掘出个体的长处，如果有完善的筛选与分类机制，就能让多数人适性发展，这就好比公交车在 F1 里绝对无法赢过跑车，但若能早一步到市区道路为社会提供服务，贡献绝对远胜于跑车。

高等教育的普及与泛滥有时只有一线之隔。以智力理论而言，理想状况自然是因材施教。大学扩招所带来的负面效应，是让一群不需要或不适合念书的青年被迫地留在校园中，他们可能在专业领域很出色，但在课堂教育上却是事倍功半。其实他们也可以及早就业，或在职业技术领域习得一技之长，而非耗费数年只换得一纸学历与入学贷款。

> **心理学小词典**
>
> **自我实现预言：**罗森塔尔和雅格布森曾做过著名实验。在小学的一至六年级各选三个班的学生进行"预测未来发展的测验"，随机选取学生，并通知教师："这些儿童将来大有发展前途。"八个月后，再对这些学生进行智力测验，发现名单上的学生成绩确实进步了，心理学将这种奇迹效应称为"自我实现预言"，可视为心理学版本的吸引力法则。

问题3　学业的优秀≠人生的成功

曾有个真实案例，一位从小患有轻度智能不足的女孩，因为喜欢吃甜点而读了高职烘焙科，经过职业训练应征上甜点店的正式工作，薪水虽不高，几年下来也存了一笔钱，那时她才二十出头，还交了个不错的男朋友。在临床心理学领域，我们常会评估个案的"职业社会功能"，说得极端点，这个女孩比起三十岁拿到博士学位却找不到工作、在家当"啃老族"的个案，他们的"职业社会功能"谁高谁低还真难判断。

高智商代表着在学习速度与效率上占有优势，即使如此亦不保证将来的成就。心理学家研究了古今各领域的杰出人士，发现即使是最具天赋的天才，仍然需要在专业领域投入至少一万个小时的努力，才能有傲人的表现。众所皆知的神童莫扎特，据闻他六岁即会作曲，然其公认的经典之作《第九号钢琴协奏曲》却完成于他二十一岁时，这意味着想要天赋开花结果，大量的练习与准备是必要的。

🍀 高智商的学习困境

实际上，高智商低成就的案例比比皆是。卡罗尔·杜维克教授（Carol Dweck）提出警告，他的研究团队专门研究赞美对孩子的影响，他们发现自认为聪明的小朋友，反而比较不敢自我挑战，面对挫折时容易自我怀疑与放弃。其中的关键是聪明的小孩往往误认为天资聪颖，代表着无需努力，而当犯了错误或处在逆境时，他们就认为是自己不够聪明而倾向放弃，其表现反而不如那些懂得努力的孩子。

近年来失业率飙高，证件升值，学历贬值，可能使我国台湾地区开始对于各行各业的"职场达人"有更高的评价与待遇，而想要成为某个领域的专家，及早实践积累经验可以说是稳赚不赔的投资。不论智商与学历有多高，不管经济或产业如何变化，重点永远都在持续探索自己的长处，把自己放置在正确跑道上努力不懈，这是成功的不二法门。

问题 4　EQ 是什么

丹尼尔·戈尔曼（Daniel Goleman）在一九九五年出版《情商》一书后，"情绪智商"（Emotional Quotient）这个新名词开始在社会上广为流传，掀起一波热潮。说实在的，这个概念也不是心理学家独创的，只要出了社会，在职场打拼几年的人都晓得，工作想要顺利，秘诀就是"三分做事，七分做人"，简言之就是你的个性还有人际关系比你的工作能力重要。

EQ 的命名很明显是相对于 IQ，有别于传统的智力概念。EQ 特指与人类情绪反应有关，一种对于人我情绪状态的感知、理解与调节的能力，广义来说，任何牵涉到情绪管理与人际关系的能力，都可算是 EQ 的范围。戈尔曼在书中宣称 EQ 的重要性"至少与 IQ 一样重要"。他进一步论述道，IQ 某种程度上是不可改变的，但是 EQ 却能借由训练提高，而改善 EQ 将有助于提高学业表现、职业成就，使我们拥有更好的人生。

🌿 高 EQ 和成就关连性不高

EQ 的影响可以说是无远弗届，它似乎为千百年来的生活智慧提供了一个科学基础，许多训练课程与教学方案都应运而生，光中国台湾地区就出版了超过五十万本与 EQ 相关书籍。然而，不为人知的是，作为一门心理学的研究议题，目前并没有太多科学证据支持 EQ 的神奇效果。一个遍及全世界的大型研究中发现，EQ 与学业成绩相关性不大（百分之十）；甚至还有研究显示监狱罪犯的 EQ 不亚于一般人。这些资料并非要否定 EQ 的重要性，EQ 确实有它存在的价值，也能够经由训练加以改善，但有其局限性，至少单就提升学业成绩与职业成就来看，EQ 的重要性可能比不上 IQ 与努力。直观来看，打开新闻媒体，高 IQ 低 EQ 的顶尖成就者绝不在少数，扣除掉商业杂志为大企业家美容包装的部分，我们只能根据现有证据很功利地说，针对成就这码子事，EQ 的投资回报率并不算特别高。

如何利用心理学增进人际沟通的质量？

增进沟通质量的第一步，是了解我们需要沟通的理由。试着找出生活中一个你想要沟通的对象，问问自己"为什么我需要跟某某沟通"。深入思考这个问题之后，不难发现我们沟通的动机通常来自某种"不满足"，也就是我们想要通过沟通来让情况变得跟现在不一样，不管是让我们的伴侣停止歇斯底里地喊叫，还是让老板良心发现自己已经三年没有加薪，这些都能引发强烈的沟通动机。

问题 5 你需要的是沟通还是说服：达成目标靠谈判

有意思的是，当考虑使用沟通来作为手段，有时也代表我们正处于某种困境中，或是缺乏更为有效的方式来改变现况（上头的老板之所以不需要跟我们"沟通"，因为有太多方式去满足他的需求）。然而当沟通的出发点是这种死马当活马医的心态时，往往也是沟通质量不佳的时候，主要是如果把所有心思都放在如何让对方有所改变时，传达出来的就是"我希望你可以"或"我希望你不要"之类的信息，严格说来，这种沟通模式比较接近"说服"。

心理学中累积了不少关于说服技巧的研究，说明人们的态度在什么情况下比较容易被改变，然而学术界对于"说服"的了解跟现实比起来实在是小巫见大巫。最著名的例子，曾有位社会心理学家发现自己总是无法拒绝业务员的推销，于是致力于研究这些业务员使用的话术，归纳出几个大原则，原本动机是希望他的研究公诸于世后，可以减少人们被强迫接受推销的机会，讽刺的是他精心整理的知识后来反而成了训练商业推销的基础教材。

🌿 说服技巧不代表一切

举例来说，社会心理学中的"得寸进尺"（Foot-in-the-door）技巧就教我们一个小心机：如果你想要求某人答应某件事，可以先提出一个比较小的要求，等对方接受后再提出原本的要求，那么对方接受的概率就会比你直接提出要求大。若是你曾在火车站前帮别人填过问卷后留下个人资料，或试吃一小口后，买了原本没打算要买的东西，很可能就是中了这招"得寸进尺"。

如果沟通的动机是希望对方能顺从自己的意愿，市面上有丰富的推销或谈判书籍，书中有详细的技巧可供参考。然而沟通有时不仅只是一个让别人听我们话的输赢游戏，多数情况下，我们还需要沟通帮忙澄清事实，或是改善人际关系，这时说服技巧就不见得帮得上忙。接下来要谈的，是除了"说服"外，沟通的另一个方面——"理解"。

问题 6　真正的沟通是什么：同理心的运用

当我们一心想说服对方时，重点在传达我们自己的需求，这很容易落入单向的沟通模式，因而当无法达到原本目的时我们就称之为"沟通无效"，并为此感到沮丧或生气。事实上，单向的沟通本来就不容易引发对方正面的回应，我们应该谨记人多少都有抗拒改变的倾向，即便我们的要求在各方面看来都完全合情合理，也很少有人会爽快地承认："你说得有理，就这么办吧！"

高质量的沟通则往往是双向的，带着"理解"的意图，此时沟通的功能主要是促进表达与对谈，让双方都能比沟通前更了解彼此的想法，至于对方是否改变他的态度或行为反倒是其次。双向的沟通远比说服对方来得困难，关键在于我们要先搁置改变他人的意图，并有雅量去聆听与我们不同的思维。奇怪的是，当带着一份纯粹理解的意图去沟通，几乎必然会产生某种程度的改变，也许是形势，也许是对方，也许是我们自己。

基于这个理解的意图,自然会进入到所有沟通技巧的核心层面——"同理心"。我们曾在之前介绍过的"人本主义"章节谈到这个主题,同理心就是放下自己的判断,单纯地站在对方立场,聆听他到底想说什么。当一个人冷漠或生气地对待我们时,我们如果暂时忽略自己的不舒服,思考"他现在是什么样的感受?""为什么他会有这样的感受?""他真正想要的是什么?"就是在运用**同理心**。

❧ 自我中心和自我感知不良者,沟通效果不佳

同理心是相当好用的沟通工具,但有两种人学起来会比较困难。

第一种是对自己的感知能力很差的人。这类人要不就经常否认自己的情绪,可能红着脸,大声说我没有生气;要不就对自己的内在状态迷迷糊糊,常常就是"闷"或"烦",真要问他怎么了,也说不出个所以然来。可以想见,一个对于自己都不很理解的人,要去理解别人自然不容易。

第二种是过度以自我为中心的人。有时我们会遇到那种,寒流来时才问发抖的你是不是感觉很冷,你还没来得及回答,下一秒已经开始炫耀他身上的新外套。看似相反,实则相似的另一种类型,也就是自视甚高,三不五时就在导正观念、开导别人的那种人,这类人有时表面看来很热心、充满正义感,然而这是出于一种"众人皆醉我独醒"的优越感,他们对于"教育"他人的兴趣远大于"理解"他人,他们能够表现出极富同理心的样貌,却往往是在一个较浅的层次。

由上面的例子归纳起来,越是能够清楚感知自我状态、越能够放下预设立场的人,也就是越有同理心的人。这门心法若是练到极致,同理甚至能够跳脱技巧的层次,只是一种本然状态的展现,有一种人不见得能言善道、舌灿莲花,但一两句话就能触动你,仿佛比你还了解你自己,与这样的人说起话来非常舒服,有种被深深滋养的感觉,这种沟通的质量之高,可比拟顶级的心灵 SPA。

同理心不论作为一种态度还是技巧,都能提升彼此沟通的质量。讲完了"武功心法",接着来谈技术层面,同理心的重点在于"以不带评价的方式,

尽可能准确地描述对方状态",以下是一些例句:"你说话的口气比较激动,好像有点生气""刚才我说想换工作的时候,你的表情看起来蛮担心的""你同时要处理这么多事,压力应该很大""你看起来有很多心事,却不知道要说些什么"。

> **心理学小词典**
>
> 午餐技巧:美国心理学家拉兹洛曾做过这样的实验,让受试者在读论文时吃东西,结果发现"一般人几个月内就可上月球"之类无稽的说法,竟然也有不少人相信;相反地,没有吃任何东西的受试者则都持怀疑态度。研究发现人在吃东西时容易被说服,这种效果又被称为"午餐技巧"。

问题 7　如何让对方听进去你的话:学习自我表达

自我表达也是沟通过程中相当重要的部分,为了减少沟通上的问题,清楚而适切的表达是必需的。最好不要预设对方知道我们真正的感受或想法,即使是相当亲密的人,也不见得能懂我们心思。可能的话,尽量不要利用表达来攻击对方,例如生气时与其说"你伤害了我",不如说"听你这么说以后,我觉得很难过",前者是指责控诉,后者是表达感受,两者给人的感觉截然不同。

在需要表达自己的观点时,同理心也可以作为缓冲气氛的技巧。我们可以先以同理心的句子开头,接着再说自己的意见,就可以让话语听起来比较圆滑,比如与其直接说"你到底还要逃避多久,该是面对现实的时候了",不如修饰成"我想你可能还没准备好要面对这件事,所以需要一点时间,但我真的觉得再这样下去不是办法",这样的表达更能让对方听进去,或至少愿意跟你讨论。

🍀 三明治技巧：用好话包装真心话

附带提供另一种说话技巧，叫作"三明治技巧"的说话术，也就是把你希望别人改进的地方，用好听的话"夹在中间"。例如"能感受到你为这个项目付出了很多心力，但我觉得顾客意见这部分再组织一下会更清楚，整体而言比之前进步很多，再加把劲！""你这么不高兴一定有你的理由，能不能再详细地告诉我当天发生什么事，我了解情况后才知道怎么帮你"，这也是同理技巧的应用。沟通技巧源自西方社会，而我们生活在喜欢讲"默契"的东方文化中，有时会觉得这种说话方式略显别扭，其实如果愿意练习，光是同理心就算得上是好用的工具。当然，沟通是双向的，若是对方摆明了不想谈，最好的方式就是去同理"他正处在不愿或无法表达的状态"；如果愿意的话，建议心中默念一次平静祈祷词，再进行你认为合适的下一步。

人见人爱可以靠练习：
如何提高别人对我的好感度

如果在生活中持续使用上述的沟通技巧，有了一定的基本功之后，人际关系绝对差不到哪里去，至少发生激烈冲突的可能性很小。然而，虽说是路遥知马力，日久见人心，平时总会遇到许多时刻是要把握三五分钟，哪怕一面之缘就要快速跟人建立关系的，不论是初次见面的客户，还是平时遇不到的高层主管，这时有没有什么加分的小技巧呢？当然有。

问题 8　烈女怕缠郎：看久了就会喜欢

社会心理学中有一个理论，叫"曝光效应"（Mere Exposure Effect），意思是说任何事物（图片、音乐、姓名……），只要不是太让人反感或无聊的东西，多接触几次之后，我们就会因为熟悉感而提升好感度。很多人有这样的经验，有些新歌前几次听到时真的觉得很怪，怎么听都不顺耳，接着被电视打歌轰炸一个月，再到 KTV 听朋友唱几次，慢慢地自己也开始能哼上两句，竟然也觉得不错，偶尔还会从网络找来复习一下，这就是"曝光效应"。

🌿 将印象植入大脑：曝光效应

商业广告是践行这个理论的行家，他们大手笔地在电视台、新媒体平台购买黄金时段，让你在进广告时第一时间看到产品信息或品牌形象，然后每次节目开始前又看到一次。这种广告的操作手法，是用一个简短的图像加上口号不断重复，虽然不过两三秒钟，两个钟头节目下来也看了数十次。让人在不知不觉中变得熟悉，如果有固定收看某个频道的观众，接触同质广告的频繁程度，足以让任何新产品的陌生感快速消失。

信息重复次数够多，就能在消费者心中留下深刻印象，下次到卖场购物时，自然而然会出现在脑海中。如果你要买的产品刚好有一大堆同类品牌可供选择，这时广告的效果就会显现，因为人类的运作模式有个倾向，当不知如何抉择时，有印象或熟悉的东西很容易显现，纵使不知道该产品实际上具有的优点，仍会因熟悉而产生好感与信任感，但实际上只不过是广告的效果罢了。

曝光效应跟让人产生好感有何关系？有一种类型的人，擅长用痴心守候或死缠烂打的方式追求异性，把"永不放弃"当作座右铭，虽说不少单身旷男怨女视其为"无耻的招数"而不屑一顾，但时间一长，成功率好像还不算太低。这种手段就是以曝光效应为基础，提升熟悉感，也提升好感，还能争取到更多机会让对方看到你的优点，当然前提是不能一开始就惹人厌。

> **心理学小词典**
>
> 曝光效应：这是心理学家罗伯特·扎伊翁茨（Robert Zajonc）的知名实验。他请几位大学生看一些人物脸孔，有些看二十次，有些却只看一两次。结果发现，随着曝光频率的增加，那些大学生对于人物脸孔的喜好度也会增加，只要人、事、物不断地在自己的眼前出现，自己就有机会对其产生好感。

问题 9 如何善用同步技巧：爱上镜子中的自己

我们都晓得人际关系的重要技巧之一是"投其所好"，然而，对于初次见面或不熟的人，通常无法立刻知道对方的喜好。曝光效应告诉我们，人通常都喜欢熟悉的东西，所以只要让对方产生熟悉感，也就能同时诱发他的好感。基于这个理由，一个总统候选人在选战期间，会因应其竞选团队相中的族群，刻意使用某种语言来造势，或在演说时卷起衬衫袖子，来引发特定团体的熟悉度与好感。

人最熟悉的事物是什么呢？是他的专业领域、亲朋好友、穿着风格、家乡的街道，还是儿时养的宠物？都有可能，但也都不确定。唯一能够确定的答案，人最熟悉的事物，是从出生至今不曾间断，每分每秒都在接触的——他自己。人对于有关自己的一切事物，铁定熟悉到不能再熟悉的程度，那是一种像空气般理所当然，超越喜好层次的熟悉。

"你喜欢空气吗？"这显然是个奇怪的问题，因为除非捂住口鼻，我们甚至意识不到空气的存在，自然也谈不上喜不喜欢。我们对于自己的熟悉程度也类似这种情形，就像人闻不出自己的体味，不知道自己走路的习惯，难以发现自己有口头禅。因为这些东西都已经太过熟悉，而人类大脑是最喜新厌旧的，不会浪费资源去处理古董信息，所以这份熟悉感大多被收纳在我们的潜意识里。

我们即将介绍的"**同步技巧**"，就是利用人在潜意识中对自己的熟悉度，来迅速提升对方好感的技巧。"同步"指的是我们在仔细观察对方的行为模式后，有意地加以配合或模仿，这个技巧也被称为"**镜映**"，意指在我们使用这个技巧时，与我们互动的人会在我们身上看到许多他自己的习惯动作，就如同在照镜子一样，因而会产生熟悉感。我们将简单介绍如何使用同步技巧。

（一）这样说话最讨喜：同步速度和节奏

每个人必定都会有自己说话的习惯，针对同步技巧的初学者，最容易入手的要点就是说话的"速度"。就算初次见面的对象，我们也能够在一分钟之内，觉察对方说话的平均速度，无论是比自己快或慢，只要不动声色地逐渐配合对方说话的速度就行。

这个技巧不难理解，一般而言，人的说话速度就约等于他的思考速度。如果遇上说话速度比我们快很多的人，就会觉得有点吃力，因为我们的思考速度跟不上对方的节奏。相反，碰到说话比我们慢上许多的人，对话则会有点不顺畅，让人心浮气躁。而跟自己讲话速度差不多的人，当然就是最舒服的状态。

掌握这个技巧需要练习，要突然改变自己的说话习惯并不容易。这个技巧对于口语表达力的锻炼很有帮助，掌握速度之后，还有许多说话模式可以练习，比如音量大小、句子长短、每句话与下一句的间隔时间、语助词（例如有些人惯用"真的"或"是不是"来附和他人）。

说话的节奏也很重要，同样是回答问题，有些人会迅速回答，有些人就会思考一下再说。快速答话的人通常不喜欢听太复杂的叙述，也比较缺乏耐心，所以如果我们讲话慢吞吞又讲得长篇大论，他的心思早就不知跑到哪去了。相反地，会想一下再答话的人，如果我们用明快的方式回答他的问题，可能会被认为不够细心或不可靠。

如果你语言能力足够好，某些场合在谈话间混用英文单词会营造专业形象，某些场合若能够夹杂一些简单方言则会增加亲切感。当然要特别注意的是，在某些特殊情况下，模仿对方的说话方式可能会冒犯对方，我们不会笨到去模仿对方的口吃或大舌头咬字，刻意去学别人的口音腔调也可能让对方误以为你在取笑他，没有把握最好不要尝试。

（二）这样看人最讨喜：眼神交错间的默契

介绍沟通技巧的书籍通常会教导固定的原则，诸如对视时间以五到十秒钟为宜，直接盯着对方的两眼看容易产生威胁感，不如把焦点放在鼻梁上方，形成一种若有似无的眼神接触，会让人感觉比较舒服，等等。这些通则适用于大多数场合，然而如果想要提升对方的好感，就必须考虑到，每个人因为当下状态的不同，感觉自在的眼神接触模式是不同的。

自信满满的时候面对他人侃侃而谈不难，相反地，萎靡不振时看着旁边的景物说起来会比较容易。而随着谈话对象的亲疏远近，我们喜欢的眼神接触都有微妙差异。同步技巧是可以操作的，就是去配合对方当下的眼神接触模式，如果你发现对方每次看你两三秒就别开目光，那就减少目光接触的时间，别死盯着人家看，可以先自然地将目光引导至别处，例如称赞对方的穿着，询问配件的细节或看书面资料等。

如果对方习惯长时间看着别人眼睛说话，也可以柔和的目光回应。就像热恋中的情侣可以长时间看着对方而不厌倦，一般来说，随着对话而增加眼神接触的时间或频率，是对方对自己好感增加的指标。以一个钟头的对话为例，如果同步技巧操作得当，谈话到了后半段目光接触的时间增加二至三倍是常有的事，我们只需随之配合增加接触即可。

（三）这些动作最讨喜：变成镜子里的双胞胎

人在谈话过程中必然会出现一些动作，例如点头、手抱胸或插口袋、拨弄头发、跷脚等等。同步技巧在此是指偷偷地模仿对方的动作，在谈话中用眼角余光观察对方的动作，并与之做出类似的动作，请记住我们是要"偷偷地"模仿对方，要点就是"慢半拍"，当对方无意识摸了自己脸颊，我们就在三到五秒后也摸一下自己的脸颊。

另一个重点是不能"左右不分"，还记得同步技巧又被称为"镜映"，也就是要让对方隐约有在照镜了的感觉。镜子里的人跟我们的左右是相反的，如果跟我们面对面的人用右手拿起了杯子喝水，那我们就在几秒后用左手也拿起杯子喝水；对方若是跷起了左脚，我们就隔一会儿跷起右脚，以此类推。

这个技巧最重要的诀窍就是"偷偷地模仿"，也就是不能刻意到让别人发现你正在模仿他。除了延迟的时间要够久，选择具有代表性的动作来模仿也是重点，这就有赖于观察的敏锐力。试着练习一下，私底下观察你身边的同事有何习惯动作，如果你能惟妙惟肖地模仿别人，就证明你的观察力相当出众。

如何知道"同步技巧"已经成功了？在与人接触的前半段，我们刻意调整自己去配合对方的言行，这是我们"单向"与对方同步。有意思的是，一旦同步到某个程度，双方就会产生奇妙的联结，同步会慢慢转为"双向"的，也就是对方也会开始下意识地模仿你的动作，或配合你说话的方式，一来一往之间，两人就变得越来越有默契，越聊越起劲。心理学研究也显示，一个人对他的谈话对象越是信任、越有好感，双方在谈话过程中的肢体动作也就越为相似。

这种同步现象看似奇妙，却是生物学上相当合理的设计。神经学家发现我们脑中有一组特别的感知器,称为"镜细胞"(Mirror Cells)。这种细胞的独特功能是让我们对他人"感同身受"。顾名思义,当我们观看一个人的手被触摸了,镜细胞就会发送同样的信息,在我们脑中管理触觉的部位就会被激发,仿佛我们自己也被摸了一下,即使我们并没有意识到,我们的大脑仍会自动去跟他人"同步"。

此外,镜细胞的另一个功能是让我们去模仿他人。让我们回到远古时代。想象一下你身裹兽皮站在大草原上,突然间看到周遭的同伴拔腿狂奔,虽然不晓得发生什么事,你的镜细胞将使你感受到他人的恐惧,跑了再说。从生物演化的角度而言,跟着群体行动比较能够趋吉避凶,也不会被群体排挤而需独自求生。不论有意无意,人在基因中就是带着模仿群体的倾向。

了解了这个机制,也就了解了同步现象存在的意义。应用在同步技巧上,我们就能回过头来确认,对方对我们的好感是否增加。比如说,一开始我们刻意放慢说话速度去配合对方的节奏,一段时间后,我们可以慢慢加快到自己原本习惯的速度,如果对方也跟着增加说话的速度,那就表示同步现象建立了,在这种时刻,对方的态度通常也比较开放,更容易采纳我们的意见。

当然,同步技巧只是帮助我们建立良好的初步印象,日后关系的质量仍有许多变量。心理学虽然告诉我们,第一印象具有相当大的影响力,但也并不保证好印象在将来不会打折扣。所谓路遥知马力,日久见人心,任何关系要想走得长久而稳当,除了提升好感的技巧以外,费心思经营是绝对必要的,这又是另一门人生功课了。

如何学会放下包袱，宽恕别人

作为临床心理工作者，每隔一阵子就会被问到类似的问题，"我该如何宽恕别人"，对此，第一时间的答案是"你不需要原谅任何人"。

先别急着把这本书扔出窗外，看看下面所说的是不是有道理。大家都知道怒火中烧的痛苦，也听说过愤怒有碍身心健康，更没人喜欢自己小心眼成天老记仇，然而你知道愤怒也有"好处"吗？

以演化心理学的观点看来，一切身心现象之所以被保留至今，必然对我们的生存起着作用。比方说，人类的生理构造相当擅长应付饥饿，一周不进食也不会有大碍，那是因为缺乏粮食的自然环境，会将没有这种能耐的人种自然淘汰。

问题10　愤怒是人类的生存本能

人类跟动物一样会生气，理由也差不多。愤怒通常是因为某人入侵你的边界，让你产生一种受威胁、受伤害的感受，通过把愤怒表现出来（各种形式的攻击），能吓退那些越界的人，让他停止觊觎你的财产、工作或伴侣，这能够降低不利于我们生存的风险，也是愤怒的原始机制，它没什么不对，事实上，人类没有它就无法在地球的舞台上活跃至今。

愤怒对健康有害吗？那要视情况而定。愤怒立即会带来一连串的生理反应：呼吸急促、心跳变快、血压升高。这没什么大不了的，全力奔跑一百米后也有同样反应。事实上，如果你抓狂地想立刻出去跑步，或做任何能帮你把怒气宣泄出来的运动，那么生气产生的效应很快就能平复。研究显示压抑愤怒对健康的负面影响大于愤怒情绪，压抑愤怒可能让你更容易得感冒或癌症，愤怒本身倒不见得有这么大的伤害性。

根据行为主义的观点，如果儿时破口大骂，受到责骂（惩罚），而在愤怒时挤出微笑获得称赞（增强），我们就学到"表现情绪是错的，控制怒气是对的"。文明社会大都赞赏理性，或者说能发挥大脑前额叶皮质功能的人；多数宗教把仇恨标示为"有毒"或"骨髓里的疾病"，劝诫我们放下与原谅。宽恕确实很美好，问题是，多少人做得到？

问题 11　宽恕别人也需要 SOP 流程

宽恕这事需要一定的步骤，正所谓："面对它、接受它、处理它、放下它。"可以说跳过前面任何一个步骤，所得到的宽恕都是不完整的。就临床看到的现象而言，"面对"与"接受"这两个步骤，就算不是完全被忽略，它们的重要性也被大大低估了。愤怒本身已然灼热，但我们更加厌恶无法停止愤怒的自己，社会给予的制约让我们急切地想摆脱愤怒，而不愿多看它一眼。

所以我们需要谈谈"面对"与"接受"，在此要稍微深入地了解愤怒的本质。人对愤怒的态度是矛盾的，一方面厌恶愤怒，另一方面也非常需要愤怒，最重要的理由之一，是愤怒让人感觉到自己是对的，所以有权责怪对方，比如说，我们可以为了媒体垄断而愤怒，也可以为了某人伤害你而愤怒，完全可以，至少有一百个理由支持你的生气是正当的，愤怒让你浑身充满了力量，进入战斗模式，你应该发怒。

相反地，宽恕像是傻子才会做的事，它使你必须放弃谴责的机会，它使你不能以正义的一方自居，它无法用愤怒迫使对方改变，也无法用愤怒勒索别人的道歉与补偿，它让一切是非对错失去意义，它让凶手无法得到应有的制裁，它让人不得不停止扮演受害者，同时失去世界对受害者的关注与同情。正所谓，"你不可能快乐，快乐时你什么都没有，不快乐时你却拥有全世界"。

于是，人类与愤怒形成了难解难分的纠缠关系，口头嫌弃，骨子里需要，这种关系最是难解。你不需要原谅任何人，因为你还没有认真考虑要不要跟愤怒分手，这一刻夺门而出，下一刻还是会再复合。除了因为这是不停反复的戏剧，还因为压抑愤怒会伤害你，也会让下一个人冒犯你，与其这样，还不如老实地承认，此时此刻，愤怒存在，对愤怒的矛盾也存在。

🍃 释放怒气，是接受的第一步

即便你不愿或不能宽恕，单纯地觉察你的压抑与怒气，然后用一种安全的方式将情绪宣泄出来，对于处理愤怒将是很有帮助的。用半小时左右的时间，找一张图画纸（半开），用彩色笔或蜡笔涂鸦，随兴画出线条或色块，暂时抛开理智的判断，像个小孩一样，不论美或丑，别管像不像，抽象或具体都行，让直觉带领你的手，把情绪在画纸上表达出来。

如果你觉得画图过于优雅或做作，找一个安全的空间，让你可以尽情捶打踹踢而不会受伤（如果找不到有软垫的地方，弹簧床加上棉被枕头就很够用），让自己像一只愤怒的动物那样，在不受伤的前提下尽情发泄。如果你觉得破坏某些东西效果更好，但又不想事后感到后悔，一叠旧报纸就可以达到绝佳的效果，撕碎、拉扯、揉捏、丢掷，可以有各种创意和花样。

在进行这个活动时，有时不能够放下身为文明人的矜持，要不就是觉得自己发疯了，要不就是对自己的狂暴粗野感到惊讶。如果足够投入，表层的情绪会更加深入，并带出之前累积压抑的各种情绪，某些时刻我们会体悟到，愤怒其实并非由表面的事件所造成，那个看起来伤害你的人，只不过是碰触到你陈年的伤口罢了，关键是我们内在所携带的怨恨，那个家伙只不过是导火索。

宽恕与其说是种美德，不如说是个"决定"。如果促成这个决定的理由够清楚，也就是优点与缺点都被充分考虑，我们就能从这个决定中得到最大的帮助，不管最后决定是要继续憎恨还是尝试原谅，都好过压抑与矛盾。科学研究告诉我们，宽恕的人有更佳的身体健康，更少的心血管疾病，当然，与宽恕对象的关系也更好，但这些可能都比不上格言所说的那句"宽恕使我们自由"。

| **小结** | 学习宽恕，从五个步骤开始 |

首先请记得你有百分之百的选择权，勉强而来的宽恕不见得有什么好处。如果你已经充分面对与接受愤怒，仍然决定要选择原谅，以下是"处理"的建议步骤。

（一）回忆

回想让你愤怒的事件发生经过，不要把对方视为罪人，也不要认同自己是受害者，试着像第三者般客观，慢慢在脑海中回想人、事、时、地、物，不要加入情绪或评论，就像拍摄纪录片一般，尽量忠实地呈现所发生的事。

（二）同理

这个步骤比较困难，要从对方的观点来看为什么他要伤害你，你可以设想对方会如何解释他的行为，这通常有几种情形，他当时处于愤怒或不安全感等强烈情绪中，他感觉受到威胁或这么做可以保护自己，他并不真正了解自己行为的后果，或不知道你有多在意这件事，他是照着以往的行为模式，又或者跟多数伤害他人的人一样，没有想太多就只是做了。

（三）被宽恕的经验

回想你从前伤害别人的经验，不论有意还是无心，只要对方感觉被冒犯或受伤都算，但对方最后选择原谅你，或至少克制住报复的冲动；回想你如何为此松了口气，或带着某种程度的感激。

（四）承诺

宣布自己决定要原谅，写一封信给对方，或是写在日记中，告诉一个信赖的朋友也行，把宽恕用某种方式具体地表达出来。

（五）维持

这是最后的步骤，也是相当困难的一步。你选择原谅不意味着那些记忆会被消除，它们可能会不时地进入你的脑海中，有记忆并不代表不原谅，只是避免在记忆中加入报复的心情。有段时间你会需要不断地提醒自己已经决定宽恕了，如果有必要的话，问问自己先前决定要宽恕的理由，这些理由现在对你是否一样重要。对某些人来说，重复前几个步骤会有帮助。

如果人生的目的是幸福，
我们如何才能从此过着快乐的日子

快乐这事算是千古谜题，长久以来哲学、宗教、心理学都有相当多的论述，不外乎想给众生一盏指路的明灯。越是看似黑暗的时刻，快乐就显得越是急迫，但也越是难解，心理学家虽然没有完美的答案，至少能依靠科学研究来提供新的思考。

问题 12　快乐何处寻：来自心灵的富足

我们或许听过，有个叫作不丹（Bhutan）的小国家，虽然土地贫瘠，却有百分之九十七的不丹人民表示对生活满意，并在二〇〇六年获评为"世界最快乐的国家"。这个现象的背后成因复杂，虔诚的信仰、不凡的领导人、尊重自然的生活态度等因素都是关键，然而最直观的部分，或许是那份"独立于物质世界的心灵富足"带来的反差。

心理学家曾到印度加尔各达的贫民窟，对一群性工作者进行研究，这群人迫于生计出卖肉体，过着贫穷而没有保障的生活，然而以他们主观的视角对十二项生活满意度指标的评分，居然多是满意高于不满意，虽然整体满意度比不上女大学生，但也绝非一般认为的可怜或值得同情。一系列的研究也暗示着，快乐虽然有一定的结构性基础，更多部分却更接近某种主观感受。

问题 13 如何建构快乐的方程式

正向心理学之父塞利格曼曾组织一个快乐研究小组，在检视大量研究报告之后，提出了所谓的"快乐方程式"：

H（快乐）= S（先天的快乐起始点）+ C（生活条件）+ V（自发性活动）

❀ S（Set Point）：快乐是一种基因

首先，H 是 Happiness，中文译成"快乐"或是"幸福"。快乐的第一个元素 S 是 Set Point，指的是我们通过遗传而来的生理因素，它决定了每个人天生能够感受快乐的程度（情绪基调）。即使是发明心理治疗的心理学界也不得不承认，人的快乐与否跟他的基因脱不了关系，遗传会给定一个快乐的基准值，根据估计，快乐起始点的影响力高达百分之四十，也就是说你有近一半的快乐程度是出生时设定好的。

曾有研究追踪二十二名中了彩票大奖的人，发现他们不久后就回到中奖前的快乐程度，也不比那些没中奖的人过得快乐，这就是快乐起始点的运作方式，不论遇到什么样的事件，都会逐渐回归到平均的快乐程度。好消息是，纵使是因交通事故而半身不遂的人，也能很快适应。研究显示他们在八周后正面情绪就多于负面情绪，而几年之内，他们就会恢复到接近正常人的快乐水平。

❀ C（Conditions of Life）：生活的富足可以带来快乐

其次，C 是 Conditions of Life，主要指种族、外貌、职业、社会地位、经济能力、居住地点等客观条件，有些我们无法改变，有些我们能够掌握到某个程度。生活条件能左右快乐程度是每个人都知道的，但估计出来的影响力可能会令人感到意外。心理学家认为生活条件的影响力约占百分之二十，这意味着虽然我们几乎投入所有心力在改善生活条件上，但是拥有姣好外貌或上亿豪宅并不保证能够过着幸福快乐的生活，因为只有五分之一的快乐来自这些事物。

塞利格曼的研究结果发现，下列事项对于增进快乐"没有"太多效果，分别是：

（1）赚更多的钱：如果你有足够的钱买下这本书，增加收入并不会增加你的快乐，物欲越高的人越不快乐。

（2）刻意增进健康：主观健康远比客观健康重要，如果看过尼克·胡哲（Nick Vujicic）在YouTube的演讲，或是著作《人生不设限》，你一定会同意这点。

（3）接受更高的教育：研究发现教育程度与快乐程度毫无关系。

话虽如此，某些生活条件仍然值得我们花费心力去改变，我们应该尽量减少处于那些对我们有负面作用的情境，如果可能的话，远离包含噪声在内的各种污染是明智的选择。邻近居民的素质水平相当重要，研究显示，车辆在贫穷的社区将更快被偷走，即使在高级的社区，如果大家惯于对小疏漏视而不见，群众将慢慢对脏乱与失序变得麻木，逐渐形成一股混乱的效应。

一份待遇优渥但会干扰你私人生活的职业，可能需要认真考虑，研究也发现许多人低估了冗长的通勤时间对体力的负担。再者，除非你确实钟情于独行侠的生活，否则长远看来，任何牺牲家庭与人际关系的决定都是不值得的，他们能为你的快乐加分，并在逆境中支持你。假如你认为结婚能够带来快乐，不妨一试，研究显示即使不快乐的婚姻关系也好过未婚或离婚。

心理学小词典

破窗效应（Broken Windows Effect）：如果在大楼上有扇窗户破了，却一直无人修理更换，久而久之，其他窗户也会跟着被打破，变成一栋满是破窗的建筑。比喻若是轻微失序未尽快修正，人们将会逐渐钝化，认为不守规矩是可被接受的，进而演变为更严重的混乱。犯罪心理学以此名词解释，何以某些地区或某种情境下有特别高的犯罪率。

V（Voluntary Activities）：哪些活动可以带来快乐

最后，V 是 Voluntary Activities，也就是你在生命中安排的活动，这可能是快乐方程式中最关键的元素，不但影响力可与快乐起始点相比拟（遗传占到百分之四十），更重要的是它全然由我们的自由意志所决定。此外，在幸福方程式刚提出的年代，普遍认为先天的快乐起始点是不可改变的，然而新近的研究显示，基因确实会受到外在环境的影响而改变，而某些活动甚至可以重新塑造神经联结，改变大脑的运作模式。

合理的提问是，从事哪些活动最能够增加我们的幸福指数？这个问题的答案相当复杂，同样是花钱却可能带来不同的结果，这要依消费的动机和类型而定，如果是炫耀式消费（目的是让别人看得到，并作为自己身份地位的象征），提升快乐的效果通常短暂而不稳定，我们知道买了新玩意儿的愉悦感通常不超过两个星期，更别提当自己的奔驰迎面遇上法拉利时，有多么令人气结。

能够带来感官或肉体享受的活动，例如，美食与性爱，算是相当普遍的愉悦来源，虽然当下的感觉很强烈，也很容易让人沉溺，酒精与药物就是极端的例子，但是感官的愉悦通常消逝得很快，因为我们的大脑喜欢新鲜事物，是以第二口巧克力带来的快乐甚至不及初尝的一半，心理学称为"习惯化"效果。得到更多愉悦的秘诀就是避免习惯化：别把整桶冰淇淋一口气吃完，如果这很困难，至少换换口味。

心理学小词典

阿伦森效应：人们最喜欢那些看来不断增加的事物，最不喜欢那些显得不断减少的事物，心理学家阿伦森在实验中将人分为四组，对特定一人给予不同的评价，借以观察某人对哪一组最具好感。第一组始终对之褒扬有加，第二组始终对之贬损否定，第三组先褒后贬，第四组先贬后褒。结果发现绝大部分人对第四组最具好感，而对第三组最为反感。

深层的满足感:"心流经验"

塞利格曼认为**愉悦**(Pleasure)与**满足感**(Gratification)是两种不同的快乐,愉悦有比较多的感官及情绪成分,满足感则是一种较为持久而稳定的快乐,可说是一种高层次的快乐。一般直觉认为轻松的休闲活动比较能够带来乐趣,然而研究显示不尽如此,心理学家发现有一种名为"**心流**"(Flow)的高峰体验,能为人类带来最深层的满足感。

心流经验可以出现在各种活动中,球赛、下棋、舞蹈、攀岩、数独、料理、写作、演奏、思辨、游戏、做手工皂⋯⋯这些活动必须具备某些特质,即:

(1)需要技术且具挑战性。

(2)全然专心地投入。

(3)有立即的反馈。

(4)有自我控制感。

(5)自我感消失。

(6)时间停止。

这种因极度专注投入活动的当下,仿佛自我跟时间都不存在,只有当下纯粹的经验在流动的感受,可以用"物我两忘"来形容。

比起看场电影,或在朋友的动态留言中点赞,心流经验差不多就像发票中奖那样罕见。此外,它不但有很高的"门槛",而且听起来似乎不太有趣。确实,为了要追求满足感,减少随手可得的娱乐是必需的,因为充实的人生无法削减,它必须投入时间与精力在略高于你现有能力的事物上,刚开始很困难,甚至挫折在所难免,但接着成就感就会出现,满足感也会随之而来。

常怀感恩之心:练习表达感谢

如果心流经验对你而言过于虚幻或高调,快乐方程式的 V 还有一个法宝——"感恩"。你无需像宗教团体那样成天挂在嘴边,这事私下做就行。具体做法如下:睡前十分钟,回想一整天发生的事,不论事件大小,写下至少五件值得感谢的事（真的写下来，别只是想想），刚开始觉得别扭是正常的，但至少坚持两周，如果觉得有帮助，延长至一个月或更久。

还有个升级版的感恩练习，这个版本费事之处是你需要一个真正的对象，再加上不算少的勇气；相对而言，优点是只要你真的愿意去做，凡是亲身体验过的人都可以保证它有魔法般的效果。具体做法如下：选择一个对你相当重要，但你从来没有机会向他好好道谢的人，选张纸写下一段感激的话，不用太长，也不必急着完成，反复修改直到你满意为止。

关键时刻来了，与你想要感谢的对象约个时间碰面（但不要告诉他你的真正目的），并确定有充裕的相聚时间。见面寒暄后，将你写的文章当着对方的面慢慢念出来，让对方有足够的反应时间。这个练习对善于表达的美国人来说都很害羞，对于我们的难度自然不在话下，然而是值得冒险的，套用塞利格曼的话："我不需要做实验也知道它的威力"。

快乐不是去除痛苦，而是不受制于痛苦。我们看到近年米国际上提倡"幸福力"与"感动力"，还有日本的漫画及影视作品《深夜食堂》这类温馨小品大受欢迎，这些现象反映的都是人们多么渴望走出内心的沙漠，希望浸润干涸的心灵。快乐的秘诀之一，是开始对自己与别人付出体贴与感激。如果你愿意，有时一个笑容，就能化解双方矛盾，那是钻石般的富足，真实不虚的洗涤。

常常怀疑自己,甚至开始怀疑人生:我们该如何增加自信?

你知道"自信"跟"自尊"并不完全一样吗?暂且卖个关子,先从自尊谈起。自尊(Self-esteem)指的是人对自己的评价,也就是"自我感觉有多良好",自尊心高的人觉得自己有能力、觉得自己表现好、觉得自己很重要。这些自我感觉是不是与这个人的真实能力或客观评价成正比?不见得。能力好的人自尊通常低不到哪里去,但能力差的人也未必觉得自己有多不好。

问题 14　什么决定了自尊:文化决定自尊形态

自尊是心理学家非常感兴趣的主题。早期研究显示,高自尊的人通常对自己的看法比较正面、比较聪明、社交技巧较好、忧郁程度较低。低自尊的人相对而言有较差的社会经济成就、患有较严重的心理疾病、存在较多的问题行为或法律问题。既然低自尊有这么多缺点,提高自尊似乎是个合理的做法,特别是美国的教育体系,几十年来一直奉行这个理念,不论孩子实际表现如何,总不忘鼓励一番,提升自尊心。

然而,不久后心理学家发现,美国心理学所谈的这一套自尊,不见得适用于全世界。以二〇〇五年一项研究为例,大卫·施米特(David Schmitt)与朱里·阿利克(Ju ri Allik)两位学者调查了世界五十三个国家和地区人民的自尊水平,我们可以根据他们使用的"罗森伯格自尊量表"(Rosenberg Self-esteem Scale)的简短问卷,先实际了解一下自己的自尊高低。罗森伯格自尊量表有十个题目,作答方式是依试题的描述选择"很同意""同意""不同意"或"很不同意",你可以直接在以下试题圈选数字来作答。

罗森伯格自尊量表

	很同意	同意	不同意	很不同意
整体来说，我对自己感到满意。	4	3	2	1
有时我会觉得自己一无是处。	4	3	2	1
我觉得自己有许多优点。	4	3	2	1
我能够把事情做得和大多数人一样好。	4	3	2	1
我觉得自己没有什么值得自豪的地方。	4	3	2	1
有时我真的感到自己没有用。	4	3	2	1
我认为我是个有价值的人，至少与别人不相上下。	4	3	2	1
我要是能更看得起自己就好了。	4	3	2	1
整体来说，我感觉自己像一个失败者。	4	3	2	1
我抱着积极的态度面对自己。	4	3	2	1

将所有选择的数字相加后，就是你的自尊指数。以中国台湾地区而言，大约有七成的人得分在二十四分到三十四分。如果你的得分低于二十四分表示自尊指数偏低，跟多数台湾人比起来，你对自己的看法比较负面；高于三十四分则表示偏高，表示你有比较正面的自我形象。

结果表明，所有国家和地区的自尊都在中等以上，显示"正面的自我评价"似乎是举世皆然的现象。然而出乎意料的是，在自尊水平排名榜上，最低的国家居然是日本，学者自然不会将这个结果按照字面上的意思进行解释，在进一步分析之后，他们发现这个现象的主要原因是文化的差异，也就是不同文化对于自尊的解释是不同的。

欧美国家多强调个人主义文化，而亚洲则比较强调集体主义文化。个人主义文化强调的"自我价值"(Self-competence)与"自我欣赏"(Self-liking)，在集体主义文化中并不特别赞赏。反观日本与中国文化，通常鼓励人们表现谦逊，西方那套自我价值感在东方就像是自吹自捧一样，带有负面意味的特质，就像问卷其中一题"我觉得自己没有什么值得自豪的地方"，美国人大多会选"非常不同意"，日本人则很可能会选"非常同意"。

在倪匡的作品里曾看过一句话："一生中如果有几次机会能谦虚地笑一笑，总是件令人愉快的事情"，充分道出了中国独特的自尊模式：越是值得骄傲的时候，就越表现谦虚，就像武侠电影里的绝世高手说"不敢当"时，那种似笑非笑的神情。日本文化也讲"一生悬命"（Ishokenme），指的是人绝不可能达到完美的地步，所以一辈子都不能自满，只能继续精进你的专业领域。

自尊高就好吗？当然不是绝对的，就像媒体每年都会出现几则这类新闻：求学过程一帆风顺的优等生，因为学业或感情上的挫折犯下了罪行，甚至轻生。这就表示，对某些个案来说，纵然达成傲人的成就，仍然无法建立起一种稳定的自我价值感，不禁令人好奇这个自尊游戏该如何破解？是要追求更高的事业巅峰？还是要职场情场两得意？

问题 15　自恋到底好不好

我们常用"自我感觉良好"来形容"自恋"的人，自恋究竟好不好？精神分析的观点认为，如果我们能发展出一种"健康的自恋"，对于心理健康是有帮助的。健康的自恋表示人们对自己有着很高的评价，而且这个评价有某种程度的事实依据，不致跟客观评价有着天壤之别。另一个重点就是我们正在讲的稳定性，也就是自尊不会经常变动，健康的自恋就相当于一种稳定的高自尊。

相较之下"病态的自恋"更令我们印象深刻。最极端的例子，就是心理病理学中所称的"自恋型人格"。这类人通常"自觉"有特殊的才能或外貌，不但时常夸大自己的优点，也非常需要别人的称赞。他们傲慢且极度以自我为中心，经常贬低或利用别人，缺乏同理心。有趣的是，他们的自我价值感通常很脆弱，需要不断寻求他人的注意及肯定，相当于一种不稳定的高自尊。

多数人的自恋心理都界于健康与病态两个极端之间，只是比较偏向于其中一边。分析学者海因茨·利胡特（Heinz Kohut）认为，我们童年时期的自我形象，常常在自恋与自卑两边摇摆不定，有时觉得自己无所不能，有时又觉得别人样样都比自己强。自恋型人格在整合两者的过程中出了问题，因为无法接受自我缺点，反而形成一种扭曲的自尊，才需不断自我夸耀与寻求肯定来弥补自尊的不足。

问题 16　这样的自尊要不得

罗伊·鲍迈斯特（Roy Baumeister）等学者曾经在一九九六年发表过一篇学术论文，名为"高自尊的黑暗面"，他们回顾文献后发现，高自尊并不像一般人认为的那样美好，自尊高也显示有较多的偏见、较多的攻击、更强烈的自我保护倾向。学者迈克尔·克尼斯（Michael Kernis）认为，高自尊还可再分为"安全高自尊"与"脆弱高自尊"两种，后者虽然表面具有高自尊，自我价值却很容易受到伤害。

克尼斯也表示，自尊的稳定性比自尊高低更为重要，换句话说，"不稳定的高自尊"的心理健康状态，可能还比不上"稳定的低自尊"。研究显示，不稳定的高自尊个体，有较低的心理幸福感，更多的敌意与攻击；自尊的不稳定还与某些棘手的心理疾病有关，包括躁郁症、妄想型人格、边缘型人格、自恋型人格等等。

如何定义自尊的不稳定性呢？简单来说，当遇到生活事件冲击时，自尊程度变动得越剧烈，就越表示自尊不稳定。比如说，不稳定自尊的人可能早上谈成一笔生意就意气风发、不可一世，到了下午被上司检讨失误时，立刻像泄了气的皮球，心情极度恶劣沮丧，这种自尊心在日常生活像股票市场般上上下下、高低起伏的状态，就是不稳定的情况。

若将自尊比喻为一棵树，稳定性就与树根扎得多深有关。当扎根在较为浅层的土壤时，自尊吸取的养分主要是来自外在的成就与认可，或通过与他人的比较与竞争。这是从小教育教导我们建立自尊的主要方式，我们能达到的成就越高、赢得的赞赏越多，社会给我们的评价就越高，于是我们的能力价值受到肯定，自尊也日益增长。

不幸的是，就算是最优秀的人，也无法在每一方面取得都成功，你永远能够找到在某方面远胜于你的人。他人的评价更非我们所能控制，就算你当上了美国总统，保守估计也有上亿人不喜欢你。当无法达成某个目标，或听到别人对自己有不好的意见时，我们的自尊就受到动摇，一如扎根在浅层土壤无法带来稳固的安定感，我们不时要留意外在环境，以防风雨来袭。

❧ 自尊不稳定的特征1："好胜"

自尊不稳定的人，最容易辨识的外在特征，就是非常好辩、好胜，他们可能不厌其烦地挑别人的语病，对错字见猎心喜，有机会就发表长篇大论。能够纠正或教育他人，代表着自己所知较多，站在正确的一方，而通过各种竞争形式所带来的优越感，正是自尊主要的养分，是以他们在这类时刻感觉最为良好。相反，在对方不受教、不买账时，他们可能转为失落或愤怒，露出"朽木不可雕也"的表情。

如果是这类的人，建议找个可以发挥的舞台（例如律师、名嘴、某某老师……），或把表达方式稍作包装，毕竟谁无自尊，就算是受虐狂也不喜欢老被挑战或比下去的感觉。下次要发表高见前，稍微接一下对方的话，例如用"你刚才说得很有道理……"来润滑一下，对方感觉就会好很多，再者，如果可能的话，偶尔稍微对别人的话题表示兴趣，对改善人际关系也有帮助。

❧ 自尊不稳定的特征2："犹豫不决"

自尊不稳定的人，还有一个比较内隐的特征。就是他们总是犹豫不决，这个要规划，那个要研究，真正做起事却再三拖延，"效率"二字永远跟他们无缘。这类人的主要困难，是没有一套稳固的核心价值观，很容易落入想要讨好所有人的陷阱，许多精力都浪费在处理矛盾与情绪上，也降低了产出的质量。

🌿 自尊不稳定的特征 3："自我价值低落"

自尊不稳定的人的最大症结,是自我价值很容易受到威胁。其主要原因,是他们的自我价值是建立在"我必须是对的"这类强迫信念的基础上,是以当看法受到别人的质疑时,自我价值就会动摇,所以他们会变得防卫或者消沉。客观来看,首先,没有人是不会犯错的,再者,每一件事都有多视角,别人的质疑可能反映了彼此立场的不同,而非某一方是错误的。也就是说,他们有时会将他人无心的话语解读成具有威胁性的话语。

除此之外,他们常把他人否定自己"某一方面"的观点,等同于他人"全盘"否定自己的价值,这是一种在潜意识快速运作的微妙机制,通常本身无法察觉。打个比方,就算考试得了九十九分,只要有人提醒他们错的那一分,他们的感受就像是考不及格甚至是零分一样,当下那个得九十九分的喜悦荡然无存。这种对负面信息的放大,一竿子打翻一船人的过度反应,也是自尊不稳定的重要特征。

问题 17　找到自信的关键是什么

其实,自尊之树如果能根扎得更深,就可以慢慢超越外在的成就与肯定,从自己身上得到养分,这种状态就叫"自信",也就是信任自己。培养自信的方式有很多,但其中最关键的,不外乎通过自我摸索,来选择一套适合自己的价值观。这并不是一个容易的过程,通常我们要经历某种过程,才能体认社会价值观是由许多组不兼容的信念所构成,换句话说,要让所有人满意是不可能的。

🌿 自信的练习 1:克服自我防卫

提升自信的关键,是把每一次自我怀疑的时刻作为练习机会。当被别人质疑而感到不安时,暂时放下对方是针对自己的感受,按捺住辩护或攻击的冲动,把注意力转向对方的立场,思考他的观点的理由,就算当场做不到,事后独自练习也很有价值。要诀是不要落入把对方妖魔化的惯性，因为这样我们会把宝贵的精力浪费在批判他人的不是。由于自我防卫是根深蒂固的习性，需要不断的练习才能逐渐克服。

自信的练习 2：学习自我肯定

另一个重要练习是自我肯定，当感到脆弱与不安时，我们可以适时滋养自己。提醒自己，眼前的挫折并不代表自己的失败，就像过去经历过的那些困难时刻，虽然当下感到沮丧无助，但终究也一路走到今天。平时也可以搜集一些有感觉的箴言作为正向肯定语，必要时用来自我激励，例如，"我允许自己犯错，并能从中获取成长所需的经验""无法击倒我的将使我更加茁壮""我做我该做的，上天做他该做的"，等等。

注意别让自我肯定沦为一种逃避，借由经验来强化能力与自我效能感，仍然是自信的重要基础。自信通常需要伴随某种具体的知识或技能得以发展，不论作为职业还是嗜好，都能在逐渐精熟技艺的过程中增加自信。我们可以观察到专业领域的达人通常都充满自信，比如手艺精湛的厨师、电玩竞技选手，有人一年考取上百张证书，成为技职考试的专家，甚至还有飞碟的达人。重点并不在那个技艺是否被他人认可，而是能否在特定领域坚持与不断深入。

从这个角度而言，与其说挫败是人生不可避免的，倒不如说是增加自信所必需的。虽然我们都渴望旅途顺遂，然而只有成功的生活看似耀眼，实则脆弱，失败在给我们带来挫折感的同时，也产生一种实在感，让我们得以从表面的完美幻象中解脱。以近年来风行的各类选秀比赛为例，观众可以通过评审残酷的趣味，见证挫折如何迫使选手改变，得到无可动摇的成长。防卫让人脆弱，敞开则让人坚强。

小结　构成自信的三个层次

综上所述，我们可以总结一下，构成自信有三个层次。

❧ **第一层次：自尊主要来自"比较"与"外在肯定"**

在这个层次上，我们可能会极力争取表现的机会、追求带几个零的年薪、忍受痛苦的整容手术、借机对他人展现权力、不愿错过流行时尚的信息、因手机比隔壁桌的人高级而窃喜、认同人的价值决定于他的竞争力。这个层次是必经的，也完全可以让自我感觉良好，然而正如前面所言，纵使投入许多的心力，自尊仍缺乏真正的稳定。

❧ **第二层次：自信要借由"自我挑战"与"自我肯定"**

除此之外，还需要选择一套合适的价值观，我们逐渐变得能够信任自己，从而提升自信。在这个层次上，我们找到能够投入的领域，像傻子一样反复练习，热衷于某种技艺，甚至不眠不休也没关系。典型的经历是探访、摸索、挫败、自我激励，不断反复，而后慢慢能够摆脱他人的评价，形成了"我之所以为我"的独立概念，得到安身立命的自信。

处于第二层次的附加现象，是包容性与鉴赏力会随着自信而提升。由于不需要贬低他人来证明自己，我们开始客观地看待他人的缺点，并能包容他人就像包容自己的不完美。他人的优秀不会威胁到自己，因为我们深知那其中包含了多少努力，也能从技术层面去欣赏他的执着，细细品尝从前无法感知的差异。外在世界似乎变得越发美好与稳定，生活常有惊喜。

❧ **第三层次：自信可通过"宗教"和"灵性的追求"得到提升**

这部分属于超个人心理学，这意味着将稍微碰触灵性或宗教的领域，由于这并非多数人生活所需，我们仅在概念上简单叙述，作为参考。第一个自尊层次是借外在肯定自己，第二个自信层次是自己肯定自己，这两个层次都需要得到肯定，只是来源不同。然而，凡是肯定都是有条件的，也就是牵涉到一套好坏的标准，既然标准存在，对自己的评判也就存在，不论标准如何，我们就是喜欢符合标准的自己，不喜欢不符合标准的自己。

终极的自我价值，是超越对自我的评判，用心理学的语言来说，就是以无条件的方式接纳自己。不论自己美丑胖瘦、开心难过、成功失败、幸福痛苦、温和暴力、健康残疾……不论身心产生何种现象，就只是允许它们展现，以一贯的态度对待自己。逐渐地，我们超越个人的层次，当发现内在深处存在一种联结，如同坚实的大地支持我们一切时，就踏入了第三个层次。

在不同的传承脉络下，第三层次有不同的名称，以及达到这个层次的练习方式。这个层次的特征主要是自我感越来越淡薄，对好坏评价逐渐不在意，被人赞誉也不特别欢喜，被人批评也不特别生气。达到这个层次的个体通常不是什么达人专家，或许只在生活里做些基本而必要的事，他们看起来非常普通，平凡到就算与你擦身而过也不会想多看一眼。

第三层次只是为了帮助理解，在概念层次上进行粗略的划分，本质上这是条返璞归真的道路，然而就算只有极少数个体进入这个层次，展现出来的样貌也各异其趣。对此有兴趣的读者，可自行参考超个人心理学或灵性成长类相关资料，如果不排斥古典文学，《庄子·齐物论》对此亦有相当精辟的论述，值得一读。

3分钟心理学回顾

1. "延迟满足"可以强化冲动控制,也能提高挫折容忍度,是迈向成功的必备能力。

2. 高智商代表着在学习速度与效率上占有优势,但要天赋开花结果,必须加上大量的练习与准备。

3. 针对成就而言,EQ的投资报酬率并不算太高。

4. 沟通的动机通常来自某种"不满足",通常我们渴望的是说服,而非沟通。

5. 高质量的沟通则往往是双向的,功能主要是促进表达与交流,让双方都能比沟通前更了解彼此的想法。

6. 为了减少沟通上的问题,清楚而恰当的自我表达是必需的,最好能带入同理心的部分。

7. "曝光效应"是指任何事物,多接触几次之后,我们就会因为熟悉感而提升好感度。

8. "同步"是在仔细观察对方的行为模式后,有意地加以配合或模仿,而"同步技巧",就是利用人在潜意识中对自己的熟悉度,来迅速提升对方好感的技巧。

9. 即使只是单纯地觉察怒气,用安全的方式将情绪宣泄出来,对于处理愤怒也是很有帮助的。

10. 学习宽恕的五个步骤:回忆、同理、被宽恕的经验、承诺及维持。

11. 快乐方程式:H(快乐)= S(先天的快乐起始点)+ C(生活条件)+ V(自发性活动)。

12. 快乐的练习:睡前10分钟,回想一整天发生的事,不论事件大小,写下至少五件值得感谢的事。

13. 提升自信的关键,是把握每一次自我怀疑的时刻作为练习机会。

Day 5
心理学语录

愤怒的飞机慢慢累积压力,最后的结局通常是坠毁,而宽恕则是一旦着陆后的平静。——拉斯金

人可以因为心态的转变而使生命转变,改变心态就改变了生命。——威廉·詹姆士

环境改变人生,但不应统御人生。人的意志,应该要比他周遭环境更坚强。——威廉·詹姆士

人类本质中最殷切的需求,是渴望受到肯定。——威廉·詹姆士

从做中学是最有效的一种学习方式。——杜威

一个人从小生长的环境,将会成为日后他的"生活风格",并影响他的一生。——阿德勒

每个人都带着不同的自卑感长大。——阿德勒

每个男人心底深处,都有一个女人的原型;每个女人心底深处,也有一个男人的原型。——荣格

现今时代里最主要的精神官能疾病便是空虚。——荣格

物质享受的无限追求,结果不但得不到幸福,甚至连最基本的神志清醒都将保不住!——弗洛姆

教育的真正目的,不是增加孩子的知识,而是设置充满智慧刺激的环境,让孩子自行探索主动学到知识。——皮亚杰

教育的目的,在满足全人类之需要。——桑代克

思维不是在言语之中表现出来的,而是在言语中实现出来的。——维果茨基

亲密关系包括开放性的感情沟通,接受对方为有价值的个体且有深刻同理心的了解。——罗杰斯

人要过了中年才会成为生命的生产者。——埃里克森

无私者的虚荣心是无边无际的。——贺佛尔

一个人所有的东西皆可以被拿走除了一件事："人类最后的自主权。"——维克多·弗兰克

不费力气而能解决问题的能力绝非与生俱来，它是慢慢地学习得来的。——哈洛

生命意味着每一个人必须了解自己存在的蓝图。——罗洛·梅

情境提供了线索，让专家得以从记忆提取信息，并提供答案。直觉就是辨识，不多也不少，就是它。——西蒙

你可以停止说话，但不能停止沟通。——高夫曼

愚者既不宽恕，也不忘记；幼稚者既宽恕，又忘记；智者宽恕，却不忘记。——汤马斯·萨斯

唯有找到自我之后才能不孤独。——汤马斯·萨斯

我们对智力的了解少得可怜。——强生

测验一个人的智力是否属于上乘，只看脑子里能否同时容纳两种相反的思想，而无碍于其处世行事。——托利德

有太多人以追求享乐为生活的目的，但是参与和意义却远比享乐重要。——塞利格曼

找到好事情的永久性和普遍性的原因，和对不幸事情的暂时性和特定性的解释，是希望的两个台柱。——塞利格曼

感激会放大好处，宽恕会解除坏事情抓住你的力量。——塞利格曼

在我看来，幸福应该包含三个不同的概念，第一是愉快的生活，第二是充实的生活，第三是有意义的生活。——塞利格曼

保护孩子免于失败，即是剥夺他们学习失败技术的机会。——塞利格曼

可以一起实现理想的就是朋友。——黄光国

宽恕是所有美德之中的王后，也是最难拥有的。——皮特森

爱自己与爱别人不是对立的，你无法真爱自己及帮自己而不帮别人，

且反之亦然。——卡尔·梅宁哲

　　我们面对伤害的第一个反应就是保护自己、寻求安全的庇护,并设法保障自己的身心健康。愤怒、恐惧、受伤和憎恨,事实上都是帮助我们做到这点的情绪适应技巧。——帕格曼特

DAY 6&DAY 7
第六章　实践心理学

　　在这本书的前面几个章节中，我们介绍了许多心理学知识，这些知识包括简要的心理学史、心理学不同的发展方向、当代心理学典范、重要的心理学家与其理论，以及当我们在生活中面临各种问题时，如何以心理学的方式进行思考。本书除了让读者能够认识心理学，还希望能够让读者在日常生活中实践心理学。

心理学实践的行前准备：功成下山前的总复习

我们可以把心理学想象成一门功夫，以帮助我们思考、讨论、解决问题。虽然得到武林秘笈，要习得一身好武艺，还需要一点点窍门。心理学这门功夫，内容有些令人眼花撩乱，然而大抵上不外乎内功心法和外功招式。

招式 1 心理学的内功心法：科学精神

心理学的内功心法，叫作科学精神。在心理学导论的部分，我们曾特别强调，"正统心理学"与"通俗心理学"的差异，在于正统心理学自诩为一门科学。科学并不等于一堆专有名词，也不是高深的理论，这些只不过是"知识"。科学最重要的，是一种精神、一种态度。一个科学领域的专家未必就具有科学态度，反过来，一个诗人也可以有绝佳的科学精神。

🌿 从逻辑思考验证理论基础

科学的对立面是信仰，信仰的意思是指把某个知识系统视为真理，毫不怀疑地相信与接受。科学追求真理，但科学并不宣称自己是真理。科学理论需要不断接受挑战，才能越来越逼近真理，心理学也不例外。心理学的历史，从古文明时期、哲学心理学时期，再到当代的科学心理学，就是学者们通过不断的辩证，使心理学这个有机体不断推陈出新、趋于完善的过程。

我们提过许多心理学的经典实验，也示范过如何以研究逻辑来思辨，才不致对随处可得的信息盲从误信。然而实验法也只不过是一种研究方法，心理学还有众多精彩的研究方法，诸如观察法、访谈法、个案研究法、质性研究等等，由于篇幅所限，无法将细节一一呈现，然而所有研究方法，都离不开科学精神这个前提。

因此，心理学的内功心法，其实是训练一种独立思维的习惯，这个习惯应该符合科学精神，特别是当研究对象是人这么复杂的对象时，保有一份清晰的思维就更加重要。简而言之，对于未知或已知的事物，一方面采取开放的态度，避免未审先判地加以否定，另一方面也需要严谨的眼光，在缺乏充分科学证据前不全盘接受，这是学习心理学的一个基本态度。

有了这样的基本态度，我们在面对心理学中形形色色的理论、学派、典范时，就比较能够冷静判断。这些知识中有些会比较对你胃口，有些你则难以认同，这都无所谓，只需记得，每个理论都只不过是真相的一小块拼图，而全貌恐怕只有上帝知晓。我们所要做的，是运用独立的思维，寻找对自己有意义的真理，使我们变得更好，如此而已。

招式2 心理学的外功招式：体用合一

心理学的外功招式，就是体用合一。本书开头的导论曾说过，当一个三岁孩子用哭闹的方式得到母亲安抚时，他已经算得上是个应用心理学家了。这就表示，人人必定都有一套自己的心理学理论，是可以操作并应用在生活中的。学习心理学最大的好处，就是让我们回过头来检查，自己的理论是否完善，思维是否合理，视角是否多元，操作是否适宜。

❋ 从理论中找到改变生活的契机

举例来说，有一个人从小被教育，为了受人欢迎，必须让自己样样出色，各方面都达到最好。他一直朝着这个目标努力，有了耀眼的成就，为了让自己人缘更好，对于别人可以说是有求必应，只要能力范围许可，都尽可能地帮助他人。相反地，他尽力把自己的工作做到最好，不论大小事都避免麻烦别人，他最自豪的一件事，就是不会造成别人的困扰，不会给同事添麻烦。

隔了一阵子，他发现手上有将近一半事务都不是自己分内的工作，而是一堆义务帮忙的杂事，下班后他得在公司多留一个小时，才有办法完成业务。而他逐渐觉察到，自己似乎怎么样都融入不了同事的圈子，大家表面上对他客客气气，私底下的聚会却不曾邀他，碰面也都是聊公事。他不禁开始怀疑，尽本分又善待他人的自己，为何不受欢迎？

如果这个人去看人际心理学，他就会知道，优点多的人虽然讨喜，但有研究显示过于完美会有反效果，倒是有一些小缺点的人更受欢迎，因为不致威胁到身边人的自尊心。此外，心理学实验还发现，适时请别人帮些"无关紧要"的小忙，反而能增加别人对你的好感。再者，有来有往的互动，双方的关系满意度才会提高，单方面奉献给予的关系，常常无法持久。

有了这些心理学知识，这个人就能发现自己信念的不足之处，拓宽了他的视野，进一步调整自己与同事的互动模式。如果这样，他的人际关系确实得到改善，某种程度就能验证这个理论的正确性；若是不行，那就回到探索阶段，或许就能发现自己的盲点，或许能找到理论的错误，或许会得到其他可用的知识，都有可能。

心理学的魅力就在于，只要读者有心，将本书之中的小理论或实验结果，应用在生活上，也可能产生大大的不同。

本书读者多半不是也不会成为一个心理学家，这是一件好事，少了专家学术的包袱，往往有更大的自由去探索属于自己的心理学理论。毕竟，在人生的旅途上，我们只需要对自己负责。

本书试图以极为简略的文字，带领读者看热闹也看门道。受限于篇幅以及笔者学识，不免有偏颇疏漏之处。倘若阅读本书后，能有只言片语，引发读者对心理学的热情，或能在生活中有所帮助，那将会是笔者无可比拟的喜悦。祝福本书读者能享受自己的生活，拥有真实的快乐。

Day 6&7
心理学语录

所谓的"文化"是借着对本能冲动加以压抑,才能取得发展所必要的能量与形式。——弗洛伊德

试误和顿悟不过是一个连续过程中的两个极端。——哈洛

每个人出生时,并非社会可以任意塑造的一团陶土,而是具备了一种结构。 ——马斯洛

番外篇
参考书目和电影介绍

由于这本书只能算是心理学的入门书,因此,如果读完本书以后,对心理学抱有浓厚的兴趣,可以参考以下所列出的心理学书籍,如此一来,必定能够对心理学有更深刻的了解。

◆心理学入门系列

1. 莫顿·亨特:《心理学的故事:源起与演变》(2019),外语教学与研究出版社。

2. 植木理惠:《其实,你不懂心理学》(2011),中信出版社。

◆心理学家系列

1. 荣格:《荣格自传:回忆·梦·思考》(2014),译林出版社。

2. 劳伦斯莱特:《20世纪最伟大的心理学实验》(2007),中国人民大学出版社。

◆心理学思考系列

1. 伊丽莎白·洛夫图斯:《辩方证人:一个心理学家的法庭故事》(2012),中国政法大学出版社。

2. 菲利普·津巴多:《路西法效应:好人是如何变成恶魔的》(2010),生活·读书·新知三联书店。

3. 马丁·塞利格曼:《真实的幸福》(2010),万卷出版公司。

4. 马丁·塞利格曼:《学习乐观》(2002),新华出版社。

◆心理学电影

1.《初恋50次》(*50 First Dates*)(2004):以诙谐的方式谈失忆症。

2.《昨日的记忆》(2011):一部拼凑失智症老人生活和记忆的纪录片。

3.《搏击俱乐部》(*Fight Club*)(1999):以充满黑色幽默的影像呈现精神分裂患者的幻觉与真实。

4.《美丽心灵》(*A Beautiful Mind*)(2001):演绎数学家纳什从患病到逐渐康复的心路历程。

5.《黑天鹅》(*Black Swan*)(2010):以芭蕾舞为背景,在追求完美技巧和高度期待的压力下,主角逐渐出现了精神分裂的症状。

6.《时时刻刻》(*The Hours*)(2002):三个不同的时代女人谈抑郁症。

7.《尽善尽美》(*As Good as It Gets*)(1997):呈现强迫症患者如何找回正常的生活的过程。

8.《捉迷藏》(*Hide and Seek*)(2005):呈现解离性认同疾患者生活的惊悚片,也就是所谓的"人格分裂"。

9.《乌云背后的幸福线》(*Silver Linings Playbook*)(2012):呈现不同精神病症面向,包括:躁郁症、强迫症以及如何面对问题寻求疗愈。